Otto Hahn

Fakten, nichts als Fakten!

Otto Hahn

Fakten, nichts als Fakten!

Keine globale Erwärmung!
Globale Verdummung und Abzocke!

Herausgeber: Wittgenstein Verlag ®
Fürstliche Sayn – Wittgenstein'sche
Treuhand – Vermögensverwaltung GmbH
www.wittgenstein-verlag.de
Autor: Otto Hahn

Printed in Germany

1. Auflage 2014

ISBN 978-3-944354-19-4

Preis: 8,90 €

Inhalt

Zu meiner Person

Seit vielen Jahren befasse ich mich mit Natur- und Umweltschutz. Ich habe über 100 umweltbezogene Tier- und Naturfilme für ARD und ZDF hergestellt (Kamera, Schnitt, Regie), Filme, die in insgesamt über 50 Ländern der Erde in bisher rund 3.000 eigenen Sendungen ausgestrahlt wurden.

Seit 2008 beschäftige ich mich intensiv mit der angeblichen „Klima-Erwärmung" durch anthropogenes CO_2.

Für mein „außergewöhnliches publizistisches Lebenswerk" erhielt ich von der Deutschen Umwelthilfe (DUH) 1998 den Sonderpreis zum DUH-Umwelt-Medienpreis.

Für meinen Film „Das Huhn von Frau Hahn – vom Käfig in die Freiheit" (SWR) wurde ich 1996 mit dem „Prix de Bâle" für den besten europäischen Schulfernsehfilm ausgezeichnet.

Ich bin Autor von sechs Tier- und Naturbüchern sowie Mitautor von drei ZDF-Tierbüchern.

Für meine Untersuchungen zur „Ökologie und Physiologie des Igels" erhielt ich 1988 von der Gesellschaft für Naturkunde in Württemberg den Walter-Schall-Preis.

Mein ursprünglicher Beruf ist Ingenieur für Maschinenbau. Ich hatte mehrere Jahre lang ein Konstruktions-Büro für Maschinen- und Werkzeugbau mit sieben Mitarbeitern und arbeitete fast ausschließlich für Daimler-Benz.

Als **Erfinder der photovoltaischen Dacheindeckungselemente** wurde mir bereits am 3. Januar 1969 (!) vom Deutschen Patentamt unter der Nummer **1 900 069 das Patent erteilt für Photovoltaik-Dacheindeckungselemente beliebiger Form und Größe mit integrierten Solarzellen zur solaren Stromerzeugung**. Ich war der Zeit so weit voraus, dass der damalige SPD-Forschungs-Minister auch im Jahr 1980 noch nicht die geringste Ahnung von Photovoltaik hatte. Denn in diversen Schreiben fragte er mich, wie ich - im Vergleich zu anderen Produkten mit meiner Erfindung Energie einspare.

Daneben habe ich weitere Patente, u. a. bin ich der **Erfinder und Inhaber mehrerer Patente des elektrisch sowie des hydraulisch fernsteuerbaren Außenrückblick-Spiegels für Fahrzeuge aller Art, zum Beispiel für PKW und LKW sowie der Erfinder eines Schnellbefestigungsgerätes zum schnellen Befestigen von Kameras aller Art auf Stativen.**

Ihr
Otto Hahn

Fakten, nichts als Fakten:

Immanuel Kant (1724-1804):
„Sapere aude"
Habe Mut, Dich Deines eigenen Verstandes zu bedienen.

CO_2 (Kohlenstoffdioxid) ist 1,53-mal schwerer als Luft – es lässt sich aus Gefäßen umgießen und sammelt sich in vertieften Stellen (z. B. in Kellern, Senken, Höhlen, Brunnen…).

CO_2 ist ungiftig, nicht brennbar, geruchlos, farblos.
Zum Beispiel Bier, Cola, Mineralwasser, Sekt usw. werden/sind mit CO_2 versetzt zu kohlensäurehaltigen Getränken. CO_2 plus Wasser (H_2O) = H_2CO_3, also Kohlensäure.
Auch Trockeneis besteht ausschließlich aus CO_2. Es entsteht, wenn unter Druck verflüssigtes CO_2 wieder entspannt wird.

CO_2 ist Pflanzennahrung, also ein natürlicher Dünger. Es wird von den Pflanzen umgewandelt in Kohlenhydrate und dient ihrem Wachstum. Deshalb sind Biologen der Ansicht, dass die Erde mehr CO_2 braucht, damit Pflanzen besser und schneller wachsen (siehe Seite 41: CO_2-Düngung in Gewächshäusern!).

Ohne CO_2 wäre ein Leben auf der Erde unmöglich!

CO_2 kommt in der Atmosphäre als Spurengas mit einem sehr geringen Volumenanteil von 0,038 Prozent vor. Laut Bundesumweltamt betragen die technischen Kohlendioxid-

Emissionen, also das menschgemachte CO_2, nur 1,2 Prozent der natürlichen. Das heißt der anthropogene Anteil beträgt 1,2 Prozent aus 0,038 Prozent, gleich 0,00045 Prozent, aufgerundet gleich 0,0005 Prozent. Dieser vom Menschen verursachte Anteil ist derart gering, als ob die Vibration einer zirpenden Grille ein Erdbeben auslösen könnte. Im Klartext: dieser vom Mensch gemachte Anteil von 0,0005 Prozent hat nie und nimmer eine Auswirkung auf unser Klima.

CO_2 entsteht durch Gärung, zum Beispiel in Weinkellern, Futtersilos, Jauchegruben... und es tritt an vielen Stellen aus der Erde, z. B. aus Vulkanen. Menschen (3,9 Prozent) und Tiere atmen CO_2 aus. Und auch Pflanzen atmen bei Nacht/im Dunkeln CO_2 aus.

Im August 1986 strömte bei Nacht aus dem Nyos-See in Kamerun CO_2 aus und überraschte die Bewohner der tiefer gelegenen Dörfer im Umkreis von 25 km im Schlaf. Dabei wurden über 1700 Menschen getötet. Da CO_2 1,53-mal schwerer ist als Luft und sich deshalb in Bodennähe verteilt, verdrängt es die Atemluft. Findet bei Windstille kein Luftaustausch statt, wirkt reines CO_2 infolge Sauerstoffmangels schon nach wenigen Minuten tödlich.

„Treibhaus"-Gase

Als Treibhausgase werden die Strahlung beeinflussenden gasförmigen Stoffe in der Atmosphäre genannt, die sowohl einen natürlichen als auch einen anthropogenen Ursprung haben können. Sie absorbieren einen Teil der vom Erdboden abgestrahlten Infrarotstrahlung, die sonst ins Weltall entweichen würde. Ohne diesen natürlichen Treibhauseffekt hätte die untere Atmosphäre im Jahresdurchschnitt anstatt plus 15 Grad Celsius nur minus 18

Grad Celsius, was ein Leben auf der Erde unmöglich machen würde. Die Zunahme bestimmter Treibhausgase wird hauptsächlich menschlichen Aktivitäten zugeschrieben.

Im Kyoto-Protokoll wurden folgende Treibhaus-Gase reglementiert:

Kohlenstoffdioxid (CO_2 – dient aber nur als Referenzwert)
Methan (CH_4)
Distickstoffmonoxid (Lachgas, N_2O)
Teilhalogenierte und perfluorierte Fluorkohlenwasserstoffe (H-FKW/HFCs)
Schwefelhexafluorid (SF_6)

Spezifische Gewichte von Gasen

Wasserstoff (H_2)	**0,089 g/l**
Methan (CH_4)	**0,716 g/l**
Stickstoff (N_2)	**1,250 g/l**
Kohlenmonoxid (CO)	**1,250 g/l**
Luft	**1,293 g pro Liter (bei 0 Grad Celsius und normalem Druck)**
Sauerstoff (O_2)	**1,429 g/l (schwerer als Luft)**
Kohlendioxid (CO_2)	**1,980 g pro Liter, also 1,53-mal schwerer als Luft**

Es gibt kein irdisches Treibhaus

Das Satellitenzeitalter begann mit dem Start des ersten künstlichen Erdsatelliten, des russischen „Sputnik 1“, am 4. Oktober 1957. Ebenfalls im Jahr 1957 machte man erstmals CO_2-Messungen auf dem Vulkan Mauna-Loa auf Hawaii und deklarierte parallel dazu die Erde zum „Treibhaus“. Man behauptete, dass das imaginäre Glasdach dieses „Treibhauses“ die Temperatur-Strahlung der Erde daran hindere, in das Weltall zu entweichen. Dass das barer Unsinn ist, konnte man durch Wettersatelliten beweisen, die seit 1977 mit Infrarot- bzw. Wärmebildkameras ausgestattet sind. Daher weiß man, dass im Wellenlängenbereich zwischen acht und zwölf Mikrometer die Atmosphäre transparent, also durchsichtig ist und ein „offenes Strahlungsfenster“ hat. Jedes von Wettersatelliten aus gemachte Infrarot-Foto ist ein klarer Hinweis, dass die Erde kein „Treibhaus“, sondern ein offenes Ökosystem ist. Die nächtliche Abkühlung bei wolkenlosem Himmel ist der Beweis, der nicht widerlegt werden kann.

Quelle: Dr. Wolfgang Thüne, Diplom-Meteorologe: „Propheten im Kampf um den Klimathron – Wie mit Urängsten um Geld und Macht gekämpft wird.“

Das Wort „Klimakatastrophe“

hat man Anfang 1986 in Deutschland kreiert. In reißerischer Aufmachung wurde dieses Wort von „DER SPIEGEL“ am 11. August 1986 in einem mehrseitigen, bebilderten Bericht als Angstmacher weltweit verbreitet. Das Titelbild zeigte den Kölner Dom, der nur noch mit den Spitzen seiner Türme aus

dem Nordseewasser herausragt.
Gleich nach Erscheinen dieses Berichts im SPIEGEL, diskutierte man in den USA in „einflussreichen Kreisen" darüber, wie man das Wort „Klimakatastrophe" kommerzialisieren könnte. In den Jahren 1986-87 wurde beschlossen, die „Klimakatastrophe" zu einem „long lasting gigantic business" zu entwickeln und eine neue Organisation zu schaffen:
Die Gründung des IPCC.

Für die Vermarktung des Begriffs „Klimakatastrophe" gründete man 1988 das IPCC (Intergovernmental Panel on Climate Change), und verlegte diese neue Behörde nach Genf. Ihre Aktivitäten werden von New York aus gesteuert. Vor der Gründung des IPCC wurde in den USA festgelegt, dass das IPCC keine wissenschaftlichen Aufgaben zu übernehmen habe, sondern ein rein politisches Instrument werden solle. Weiter wurde beschlossen, dass die USA *keinem* internationalen Abkommen zum Klimaschutz beitreten, sich aber an den Geschäften beteiligen, die der fiktive Klimaschutz zwangsläufig entwickeln würde.

Später bezeichnet sich das IPCC als Weltklimarat. Man lässt Wetteraufzeichnungen aus aller Welt sammeln und daraus Computer-Klimamodelle für die Zukunft errechnen. Die „frisierten" Ergebnisse sagen seit vielen Jahren eine kommende Klimakatastrophe für die Erde voraus. Wie und wozu dies geschieht, dazu äußerten sich Direktoren des IPCC:

John Houghton, IPCC Vizepräsident, schrieb 1994: *„Solange wir keine Katastrophe ankündigen, wird niemand zuhören."*

Maurice Strong, erster UNEP-Direktor (United Nations Environment Programme), äußerte (Wood, 1990) und 1992 in

Rio: *„Besteht nicht die einzige Hoffnung für diesen Planeten in dem Zusammenbruch der industriellen Zivilisation? Liegt es nicht in unserer Verantwortung, dafür zu sorgen, dass dieser Zusammenbruch eintritt?"*

Mr. Rajendra Pachauri, Präsident des IPCC seit 2002, anlässlich der Herausgabe des vierten Situationsreportes (Crook, 2007): *„I hope this will shock people and governments into taking more serious action."*

Prof. Dr. H. Stephen Schneider, Lead Author in Working Group II of the IPCC, sagte 1989: *„Deshalb müssen wir Schrecken einjagende Szenarien ankündigen, vereinfachende, dramatische Statements machen und wenig Erwähnung irgendwelcher Zweifel, die wir haben mögen, entlassen. Um Aufmerksamkeit zu erregen, brauchen wir dramatische Statements und keine Zweifel am Gesagten. Jeder von uns Forschern muss entscheiden, wie weit er eher ehrlich oder eher effektiv sein will."*

Quelle:
Aus dem Buch **„DIE LÜGE DER KLIMAKATASTROPHE – Manipulierte Angst als Mittel zur Macht"** von Hartmut Bachmann, 5. überarbeitete Auflage, Frieling-Verlag, Berlin. Die Enthüllungen des Insiders Hartmut Bachmann. Er war dabei, als vom Geld- und Geschäftsadel in den USA Mitte der 80er Jahre die Beschlüsse gefasst wurden, die in Deutschland erfundene „Klimakatastrophe" in ein gigantisches Geschäft zu verwandeln.

Den von diversen Wissenschaftlern behaupteten „Treibhauseffekt“ durch CO_2 gibt es nicht.

Ein Wissenschaftler hat die Behauptung aufgestellt: „Treibhausgase lassen kurzwellige Strahlen der Sonne zur Erde passieren, die langwellige Rückstrahlung von der Erde Richtung Weltraum wird dagegen von den in sechs Kilometer Höhe befindlichen Treibhausgasen, hauptsächlich dem sogenannten Klimagas **CO_2**, zur Erde zurückreflektiert und diese dadurch erwärmt“ (Quelle: „Klima-Schutz, der große Bluff“ von Georg Reichert, 25451 Quickborn).

Erstens ist CO_2 – wie erwähnt – 1,53-mal schwerer als Luft und kommt letztendlich nur in Bodennähe in der Atmosphäre vor. Es wird zwar - wenn es zusammen mit anderen Gasen erhitzt aus Schornsteinen oder Fahrzeugen ausgestoßen wird – zunächst nach oben getrieben, „fällt“ aber nach dem Erkalten wieder auf den Boden, bis es schließlich bei Regen in die Flüsse und damit in unsere Ozeane gelangt, und dort als H_2CO_3 gespeichert wird.

Auf meine Anfrage beim Bundesumweltministerium, ob es CO_2 in 6 km Höhe gäbe, obwohl CO_2 1,53-mal schwerer sei als Luft, wurde mir mitgeteilt – was ich natürlich schon wusste - dass es in 6 km Höhe kein CO_2 gibt.

Zweitens können Gase im gesamten Universum keine IR-Strahlung reflektieren, sondern nur absorbieren. Die Behauptung, CO_2 und andere sogenannte „Treibhausgase“ reflektierten infrarote Wärmestrahlung, widerspricht allen Naturgesetzen.

IR-Strahlung kann von *kalten* Gasen niemals reflektiert, sondern - ohne Energieverlust - ausschließlich absorbiert werden. Es pflanzt sich im gesamten Universum geodätisch-geradlinig fort. (Quelle: „Klima-Schutz“, der große Bluff“ von Georg Reichert, 25451 Quickborn).

„Dass das so genannte „Treibhausgas“ CO_2 zur Erwärmung am Boden der Erdatmosphäre beitragen soll, steht im krassen Widerspruch zu sämtlichen bekannten physikalischen Gesetzen für Gase und Dämpfe sowie der Wärmelehre insgesamt“. Quelle: Dipl.-Ing. Heinz Thieme.

Es gibt keinen Nachweis für die Klima-Schädlichkeit von CO_2

Bis heute (Stand 20. März 2014) konnte noch k e i n Wissenschaftler „NACHWEISEN, dass die Konzentrationsänderung von CO_2 von zum Beispiel (derzeit) 0,03 Prozent auf 0,06 Prozent einen messbaren Einfluss auf die Temperatur eines Gasbereichs in der Atmosphäre hat, weder in einem kleinen oder in einem großen Gebiet, noch auf kurze oder auf lange Zeiten“. Quelle: Dr. Ralf D. Tscheuschner, Hamburg.

Wärmeinseleffekt (WI)

Viele Wissenschaftler tendieren zu der Annahme, dass die minimale Klima-Erwärmung in den vergangenen 100 Jahren von 0,74 Grad Celsius auf den sogenannten Wärmeinseleffekt (WI) zurückzuführen ist, also auf Fehlmessungen am falschen Ort. Denn sehr viele Temperatur-Messstellen, die

früher außerhalb von Städten und Dörfern lagen, befinden sich heute – durch die ständige Ausuferung der Bebauung - innerhalb bewohnter Gebiete auf Wärmeinseln, die betoniert oder asphaltiert sind und die Wärme speichern. Es gibt Messstellen, zum Beispiel auf Flughäfen, wo startende Maschinen ihre heißen Abgase ausstoßen oder Messstellen in Städten neben Klimaanlagen, die ihre Abwärme ins Freie abgeben.

Jeder kann mit seinem Fahrzeug-Außenthermometer feststellen, dass innerhalb von Städten oder Dörfern auf asphaltierten Straßen oder Plätzen – besonders in der warmen Jahreszeit - die Temperatur um durchschnittlich drei Grad Celsius höher ist als außerhalb, zum Beispiel auf natürlichen Feldwegen in der freien Natur.

Definition von Wetter und Klima

Bei der Definition von Wetter und Klima folgt man der international anerkannten Empfehlung der World Meteorological Organization WMO. Die schlägt vor, dass 30 Jahre eine sinnvolle Periode ist, um Klima zu definieren und dass die statistischen Daten der jeweils folgenden 30 Jahre, zum Beispiel von 1991-2020, als Bezug dienen. Sie werden als klimatologischer Normalstandard genutzt. Klima ist also das mittlere Wettergeschehen in 30 Jahren.

Das Klima ist – ebenso wie die Aktivität der Sonne - chaotisch. Deshalb kann man *niemals* aus den Klimadaten vergangener Jahrzehnte mittels Computer-Modellen eine konkrete Klima-Vorhersage für die kommenden 100 Jahre machen.

Wer glaubt, das zu können, ist ein Phantast. Seine Prognosen wären Wahrsagerei.

Im Gegensatz zum Klima ist das Wetter ein augenblicklicher Zustand der Atmosphäre oder eine Abfolge von Zuständen der Atmosphäre, die über einen bestimmten Zeitraum ablaufen: Temperatur, Luftdruck, Feuchtigkeit, Niederschlag, Luftbewegung, Wind-Richtung, Windstärke...

Der Diplom Meteorologe und Physiker Dr. Wolfgang Thüne sagte: „Allem Klima liegt Wetter zugrunde. Der Mensch kann auf das Wetter keinen Einfluss nehmen."

Kein Meteorologe ist in der Lage, das Wettergeschehen konkret - auch nur für einen kurzen Zeitraum von acht bis zehn Tagen - vorherzusagen. Wie können sich da manche Leute anmaßen, unsere Klima-Entwicklung bis zum Ende des 21sten Jahrhunderts, also bis zum Jahr 2100, vorherzusagen?

„Der Klima-Schwindel – wie die Öko-Mafia uns abzockt"

So lautet der Titel eines Films, den man auf YouTube sehen kann. In diesem Film kommen der USA–Klima-Wissenschaftler und Physiker Prof. S. Fred Singer und Lord Christopher Monckton, Mitglied des britischen Oberhauses, Chefberater des renommierten Science and Public Policy Institute in England und ehemaliger Politikberater von Margret Thatcher zu Wort.

Lord Monckton sagt in diesem Film:

„Die Kopenhagener Klimakonferenz ist die größte Versammlung von Regierungen und der UNO-Bürokratie mit ihren 300 Einrichtungen, die jemals auf der Welt stattgefunden hat. Es geht aber um ein Abkommen, bei dem es um nicht weniger als eine Weltregierung geht. Das Wort „Regierung" erscheint im Resolutions-Entwurf. Eine Weltregierung, die Macht hat, alle Märkte weltweit zu regulieren, die die Macht hat, Marktregeln durch politische Entscheidungen zu beeinflussen, obwohl sie nicht gewählt ist. Worte wie Wahlen, Demokratie, Abstimmung und Stimmrecht tauchen nirgendwo in den 186 Seiten des Vertragsentwurfs auf. Es gibt also keine freien Märkte mehr und es gibt massive Steuererhöhungen in den USA, etwa in halber Höhe des Verteidigungshaushaltes. Bezahlt werden soll die riesige neue Regierungsbürokratie von den reichen Ländern, die damit eine angebliche Klimaschuld bezahlen sollen..."

Prof. S. Fred Singer sagte sinngemäß in diesem Film: *„Viele junge Wissenschaftler wagen nicht die herrschende CO_2-Meinung zu kritisieren, weil sie um ihre Karriere fürchten".*

Die Sonne bestimmt das Klima

Immer wieder werden von Laien und Politikern die Begriffe Klima und Wetter verwechselt. Das Klima ist chaotisch. Deshalb kann es niemals über einen langfristigen Zeitraum vorhergesagt oder durch Computerprogramme hochgerechnet werden. Auch aus Klima-Aufzeichnungen der vergangenen 100 Jahre kann nichts für die Zukunft berechnet werden.

Die Aktivität der Sonne und ihr Einstrahlungswinkel auf die Erde bestimmen unser Klima. Rund 99,98 Prozent des gesamten Energiebeitrages zum Erdklima stammen von der Sonne. Der kleine Rest wird aus geothermalen Wärmequellen gespeist.

Die Abfolge der Jahreszeiten wird aber nicht nur durch die wechselnde Entfernung der Erde zur Sonne, sondern durch die Neigung der Erdachse zur Sonne bedingt. Die Neigung der Erdachse (Schräge der Ekliptik) verändert sich in einem Zyklus von 40.000 Jahren von 22 bis 24,5 Grad.

Je schräger die Erdachse steht, desto extremer sind die Unterschiede zwischen Sommer und Winter, vor allem im hohen Norden, wo der Zyklus der Vergletscherung (beginnende Eiszeit) jeweils seinen Ausgang nimmt. Neben der Schräge der Erdachse gibt es noch zwei weitere astronomische Zyklen, die die Sonneneinstrahlung beeinflussen:

1. Die Präzession der Tagundnachtgleiche (26.000 Jahre), die zusammen mit dem Fortschreiten des Perihels (Punkt, an dem die Erde in ihrer Umlaufbahn um die Sonne dieser am nächsten ist) einen Zyklus von 21.000 Jahren ergibt.

2. Der 90-100.000-Jahre-Zyklus der Umlaufabweichung der elliptischen Erdbahn.

Wir müssen nicht das Klima, sondern die Natur und Umwelt schützen

Unser Land kann nicht weiterhin im Eiltempo mit weiteren Wohnsiedlungen, Fabrikhallen, Flugplätzen und mit noch mehr Straßen verbaut werden. Alles auf unserem Planeten ist endlich, sowohl die Oberfläche, unser Leben, als auch unser Wirtschaftswachstum!

Wir sollten endlich begreifen, dass für das Klima einzig und allein die Sonnenaktivität verantwortlich ist und dass der über alles erhabene Mensch sich nicht anmaßen kann, die Sonnenaktivität zu beeinflussen. Es ist doch längst bekannt, dass sich das Klima im Laufe der Erdgeschichte immer wieder verändert hat – ohne menschliches Zutun. Es gab diverse Eiszeiten, Zwischen-Eiszeiten, Kaltzeiten und Warmzeiten – ohne jegliche Beeinflussung durch den Menschen.

Längst ist bekannt, dass mehr oder weniger CO_2 unser Klima n i c h t beeinflussen kann. Wer die CO_2-Theorie weiterhin behauptet, muss endlich Beweise dafür liefern! Ich wiederhole: vom CO_2-Gehalt der Luft mit 0,038 Prozent ist der menschgemachte Anteil *n u r* 0,00045 Prozent (siehe Seite 13), hat also – wie überhaupt CO_2 – keinerlei Einfluss auf das Klima.

Dass der Mensch sich anmaßt, das chaotische Klima schützen, beeinflussen oder vorhersagen zu können, ist ein Kampf gegen Windmühlen. Er erinnert mich an den Roman Don Quijote de la Mancha von Miguel de Cervantes, eine Parodie auf den Romanhelden Don Quijote, der zu viele Ritterromane gelesen hat und deren Begebenheiten er plötzlich für wahr hält. Schließlich kämpft er sogar gegen Windmühlen,

die er für verzauberte Riesen hält. Cervantes will mit seiner Romanfigur Don Quijote nicht nur die Ritterromane parodieren, sondern auch vor Augen führen, wie übermäßige Lektüre den Verstand raubt.

Auf der Erde wird es wieder kälter

Zahlreiche Forscher haben festgestellt, dass seit dem Jahr 1998 die Temperaturen auf der Erde nicht mehr steigen, und dass es seit 1998 wieder kälter wird. Laut einem Bericht in FOCUS 39/2008 „Wie in der letzten Eiszeit" bringt die seit zwei Jahren geringere Sonnenaktivität die Forscher ins Grübeln. In diesem Bericht werden zwei Vergleichs-Fotos von der Sonne gezeigt, eines aus dem Jahr 2003 mit einem Aktivitätsmaximum, das andere von Mitte Oktober 2008 mit einer verminderten Aktivität und ohne jegliche Sonnen-Flecken (siehe: bei EIKE www.eike-klima-energie.eu das tägliche NASA-Foto der Sonne).

Im Bericht heißt es: „Die Erde steht möglicherweise vor einer neuen kleinen Eiszeit, wie sie Anfang des 15. bis in das 19. Jahrhundert mit langen Wintern und kalten Sommern herrschte.

Anlass für die Befürchtung gibt das rätselhafte Verhalten der Sonne. Im Frühjahr 2007 hatte der elfjährige Sonnenzyklus sein Minimum erreicht. Danach sollte ein neuer Zyklus beginnen und die solare Aktivität wieder ansteigen. Doch bis heute blieb es ruhig. Sonnenflecken fehlten fast ganz, die letzten waren im August 2008 zu sehen. Messdaten des NASA-Satelliten Ulysses zeigen zudem, dass der Sonnenwind so schwach ist wie seit 50 Jahren nicht mehr. Der Fehlstart, fürchten manche Forscher, könne bedeuten, dass der neue Zyklus ganz ausfällt. Weil sich damit die eingestrahlte Energie verringert, sei eine Abkühlung der Erde zu erwarten. Die gleichen Bedingungen gab es zu Beginn der kleinen Eiszeit…"

Anmerkung: Am 08. Januar 2009 berichtete das ZDF in den 19.00 Uhr-Nachrichten, dass der diesjährige Winter einer der kältesten der letzten 100 Jahre sei. Inzwischen erwies sich auch der Sommer 2009 als einer der kältesten. Der Winter von 2012 auf 2013 war extrem lang und kalt.

Letzte Meldung

Das britische Metoffice – eines der drei Institute, die offiziell für die Bestimmung der Globaltemperatur verantwortlich sind - senkte zu Beginn des Jahres 2013 seine Temperatur-Prognose für die kommenden sechs Jahre. Es soll also bis zum Jahr 2018 um 0,4 Grad Celsius kälter werden.

Eiszeiten, Zwischeneiszeiten und Warmzeiten gab es auch in früheren Jahrtausenden – ohne von Menschen verursachtem CO_2

Prof. Dr. Josef H. Reichholf, München, schreibt in seinem Buch „Eine kurze Naturgeschichte des letzten Jahrtausends": „Die Erwärmung des Klimas setzte am Ende der letzten Eiszeit so extrem schnell ein, dass sich zum Beispiel in den Eisbohrkernen aus Grönland für diese Übergangszeit einfach nur ein Steilanstieg von 15 bis 18 Grad abzeichnet, der sich nicht einmal mehr in Zeitspannen von Jahrhunderten auflösen lässt. Zur Ursache für diesen so extrem raschen Klimawandel gibt es mehrere Theorien und Vermutungen. Eine Möglichkeit scheidet aber mit Sicherheit aus, nämlich, dass der Mensch diesen Temperatursprung in eine Warmzeit verursacht haben könnte. Es gab damals noch so wenige Menschen, dass sie die großen Abläufe in der Natur der Erde sicherlich nicht beeinflussten..."

Al Gore und sein Film

Al Gore behauptet in seinem Film, dass die Erderwärmung immer parallel zum CO_2-Anstieg in der Luft steigt, also wenn das CO_2 hoch sei, steige auch die Temperatur. Das stimmt aber nicht! Denn drei unabhängige Forscher-Teams haben an Eisbohrkernen genau das Gegenteil festgestellt:

Steigt die Temperatur auf der Erde, dauert es rund 800 Jahre (!), bis das CO_2 ansteigt. Der Grund: CO_2 wird in den kühlen Tiefen der Ozeane als H_2CO_3 (Kohlensäure) gespeichert. Steigt die Wasser-Temperatur, wird CO_2 aus den Ozeanen wieder freigesetzt. Da aber die Ozeane über ganz enorme Wassermengen bei gewaltigen Tiefen verfügen, dauert es bei einem Temperaturanstieg auf der Erde viele Jahrhunderte, bis die Wassertemperatur so ansteigt, dass das als H_2CO_3 (Kohlensäure) gespeicherte CO_2 (Kohlenstoffdioxid) wieder freigesetzt wird.

CO_2 verursacht also keinen Temperatur-Anstieg sondern es f o l g t dem Temperatur-Anstieg. Ein englisches Gericht hat

festgestellt, dass Al Gores Film mindestens n e u n Fehler enthält. Quelle: Film "Der Klima-Schwindel – Wie die Öko-Mafia uns abzockt" auf YouTube.

Die Antarktis kühlt wieder ab

Das Alfred-Wegener-Institut hat mit einem 58-köpfigen Forscherteam die Antarktis erforscht. Dabei hat man festgestellt, dass nach jahrelanger Erwärmung die Tiefsee der Antarktis wieder kälter geworden ist. Zeitgleich zeigten Satellitenaufnahmen die größte Ausdehnung des Meeres-Eises im antarktischen Sommer seit Beginn der Aufzeichnungen. Übrigens: Vor ca. 20 Millionen Jahren gab es Bäume, Büsche und Wiesen in der Antarktis. Das beweisen Blütenstaub-Funde in Fossilien. (Quelle: Lüdenscheider Nachrichten u. Augsburger Allgemeine).

Photosynthese und Sauerstoff-Herkunft

In der Schule haben wir gelernt, dass:

Pflanzen durch Photosynthese Sauerstoff produzieren, bei Tag und wenn sie grüne Blätter haben. Also nicht bei Nacht, nicht im Dunkeln und in unseren Breiten auch nicht im Winter. Bei Nacht verbrauchen sie einen Großteil des bei Tag erzeugten Sauerstoffs und atmen CO_2 aus. Und wenn Pflanzen sterben (vermodern, verbrennen) verbrauchen sie zu dieser Oxidation genau *die* Menge an Sauerstoff, die sie in ihrem *kurzen oder langen Leben* erzeugt haben. In den Wüsten gibt es keine grünen Pflanzen, die bei Tag Sauerstoff

produzieren könnten und auch nicht auf unseren Weltmeeren, die rund zwei Drittel der Erdoberfläche bedecken. Zwar können Algen bei Tag Sauerstoff produzieren, sie verbrauchen aber zu ihrer Verwesung wieder genau die Menge an Sauerstoff, die sie zuvor erzeugt haben. Da die Sauerstoff-Produktion also keinen Überschuss hat, bliebe kein Sauerstoff übrig, um Menschen und Tiere mit dem lebensnotwendigen Gas zu versorgen. Wo also kommt der Sauerstoff her?

Als ich vor vielen Jahren für sechs Wochen bei dem bekannten Physiker Glättli in Zürich war, um einen Film über Strömungsphänomene im Auftrag der FESTO AG für Unis zu drehen, sprachen wir über das damals aktuelle Thema „Waldsterben". Da ich der irrigen Meinung war, dass unsere Atemluft ausginge, wenn der Wald stürbe, war der Physiker derart empört, dass er sagte: „Wer sagt denn diesen Unsinn?" und klärte mich über die Sauerstoff-Herkunft auf:

Durch Sonneneinstrahlung auf die Weltmeere/Seen/Flüsse verdunstet Wasser und steigt als Wasserdampf (H_2O) in große Höhen (Wasserstoff ist wesentlich leichter, Sauerstoff ist etwas schwerer als Luft). Dort spaltet die einstrahlende Sonnenenergie H_2O in Wasserstoff- und Sauerstoffatome auf. Die Sauerstoff-Atome verbinden sich zunächst zu O_3-Molekülen (giftiges Ozon) und die Wasserstoff-Ionen verlassen zum Teil das Schwerefeld der Erde. Davon strömt ein Teil zur Sonne, der Rest ins Weltall. Da Ozon (O_3) schwerer ist als Luft, sinkt es zur Erde nieder und vermischt sich mit Stickstoff und Edelgasen zu unserer Atemluft (ca. 21 Prozent Sauerstoff O_2, 78 Prozent Stickstoff N_2, 0.9 Prozent Argon und 0,1 Prozent Restgase). Durch den laufend entweichenden Wasserstoff wird auch die Erde in einigen Milliarden Jahren – ebenso wie bereits der Mars – kein Wasser mehr haben. Die Wissenschaft geht davon aus, dass schon ein

Viertel des Wassers unserer Erde auf diese Weise entschwunden ist.

Gase, die wir ausatmen: Stickstoff 73,5 Prozent (N_2), Sauerstoff 15,8 Prozent (O_2), Wasserdampf 5,9 Prozent (H_2O), Kohlendioxid 3,9 Prozent (CO_2) und Restgase 0,9 Prozent.

Anmerkung:

Außer dem Physiker Glättli fand ich bisher nur einen Physiker der wusste, wie unser Sauerstoff tatsächlich entsteht. Leider findet man in Schulbüchern bis heute immer noch keinen Hinweis über die tatsächliche Entstehung des Sauerstoffs. Jeder glaubt das, was er einmal in der Schule gelernt hat, ohne weiter darüber nachzudenken und ohne sein Wissen durch Fortbildung zu erweitern.

Ähnlich ist das leider auch

- mit CO_2

- mit dem Coanda-Effekt (Unterdruck), den die Planer von Windkraftanlagen-Standorten missachten oder nicht kennen.

- mit der abiotischen Entstehung von Erdöl und Erdgas, eine Behauptung vieler Wissenschaftler, u. a. des russischen Wissenschaftlers Prof. Wladimir Kutscherow. (siehe Bericht „Öl und Erdgas ohne Ende…“ bei www.eike-klima-energie.eu

- mit FCKW und dem „Ozonloch“

Der Sauerstoff- / CO_2-Kreislauf

Der Sauerstoff-Kreislauf ist an einen Kohlenstoff-Kreislauf gekoppelt. Jede Pflanze verbraucht in der Summe in ihrem Lebenszyklus (den Abbau/die Verwesung der Pflanze mit eingerechnet) genau die Menge an Sauerstoff, die sie insgesamt produziert hat. Auch mehr oder weniger Wald auf der Erde ändert nicht die Sauerstoff-Bilanz!

Selbst wenn wir den gesamten Kohlenstoff der Erde auf einmal verbrennen und der CO2-Gehalt momentan steigen würde, würde sich die Erd-Temperatur vorübergehend nur um 1 Grad C erhöhen. Das weiß auch unsere Bundeskanzlerin, denn sie sagte das vor ca. zwei Jahren im Fernsehen.

Die Formel lautet:
Summe Sauerstoff + Summe Kohlenstoff = Summe CO_2

FCKW ist nicht für das Ozonloch verantwortlich

Auch über den vermeintlichen "Ozonkiller" FCKW (Fluorchlorkohlenwasserstoffe) wurde jahrelang weltweit sinnlos diskutiert. Längst weiß man aber, dass FCKW keinen Einfluss auf den Ozongürtel hatte bzw. haben konnte.
Da Ozon (O_3) schwerer ist als Luft, kann sich der Ozongürtel nur halten, weil laufend – je nach Jahreszeit und Einstrahlungswinkel der Sonne auf die Erde – mehr oder weniger Ozon aus aufsteigendem Wasserdampf (H_2O) durch Photosynthese (Spaltung von H_2O in O_3 und H_2) gebildet wird. Weil die Sonne am Äquator senkrecht auf die Atmo-

sphäre scheint, gibt es dort die höchsten Ozonwerte. Je weiter man sich vom Äquator entfernt, desto schräger strahlt die Sonne auf die Atmosphäre. Dadurch ist immer weniger Sonnenenergie für den Prozess der Ozonbildung aus Wasserdampf vorhanden, so dass die Ozonmenge zu den Polen hin abnimmt. Im Dezember ist die Erde der Sonne am nächsten. Durch die Schrägstellung der Erdachse zur Umlaufbahn um die Sonne, kommt jetzt die geringste Energie von der Sonne am Nordpol an und deshalb ist im Winter das Ozonloch am Nordpol am größten. Gleichzeitig ist es auf der Südhalbkugel Sommer (zum Beispiel in Australien) und das Ozonloch über dem Südpol ist am kleinsten. Sechs Monate später, im Juni, ist es genau umgekehrt.

Richtig ist:

Die Atmosphäre hat durch FCKW keinen Schaden erlitten! Der Prozess des Ozonaufbaus in der Atmosphäre wurde durch FCKW nicht beeinträchtigt! FCKW ist außerdem schwerer als Luft. Aus natürlichen Quellen strömt/strömen derart viel Chlor/Chlorgase in die Atmosphäre, dass im Vergleich dazu die inzwischen verbotene FCKW-Produktion völlig unbedeutend war.

In der Zeit der größten Anwendung wurden rund zwei Millionen Tonnen FCKW im Jahr produziert (1,4 Millionen Tonnen Chlor und 450.000 Tonnen Fluor).

Pro Jahr verdunsten aber die Ozeane 600 Millionen Tonnen Chlor, aus Vulkanen strömen mindestens 36 Millionen Tonnen Chlorgase, durch Verbrennung von Biomasse werden acht Millionen Tonnen Chlor freigesetzt und die Meeresbiomasse gibt fünf Millionen Tonnen Methylchlorid ab.

Ozonlöcher gibt es seit die Erde eine Sauerstoff-Atmosphäre hat

Bereits seit 1957 werden in Tromsö/Norwegen die Ozonwerte gemessen. Sie schwanken in einem natürlichen Bereich von + / - 15 Prozent und stehen in einem exakten Jahres-Rhythmus von Sommer und Winter. Deshalb gibt es einen jahreszeitlich bedingten ständigen Prozess von Ozon-Aufbau und Ozon-Verfall (Siehe Photosynthese und Sauerstoff).

Grönland-Eis, Eisbären, Eiszeiten und Warmzeiten

Immer wieder wird vergessen, dass in Grönland (Grünland) in früheren Zeiten Ackerbau und Viehzucht betrieben wurde, dass es eine mittelalterliche Warmzeit (+ 1 Grad Celsius mehr als heute) gab, dass es früher 5.000 Eisbären gab, derzeit aber 25.000 Eisbären gibt, das heißt keine Spur davon, dass sie, wie immer wieder von Wichtigmachern, Panikmachern und Märchenerzählern behauptet wird, aussterben würden.
Prof. Dr. Josef H. Reichholf, München, sagte dazu: „Der Eisbär ist durch Abschuss bedroht und nicht durch Abschmelzen des Eises. Das ist eine geradezu groteske Verdrehung der Tatsachen."

Begleitet von massiven Protesten zahlreicher Tierschützer begann am 20.3.2009 in Kanada die Jagd auf 275.000 Robben. Das sind 5.000 Robben mehr als im Vorjahr 2008. Robben sind aber überlebenswichtig für Eisbären, denn sie bilden ihre Hauptnahrung.

Acht Eiszeiten in den letzten 800.000 Jahren

Heute weiß man, dass es in den letzten 800.000 Jahren acht Eiszeiten gegeben hat. Dazwischen gab es Wärmeperioden, so genannte Zwischeneiszeiten, von ca. 10-12.000 Jahren, in denen sich die Gletscher zurück bildeten. Laut Prof. Dr. Josef H. Reichholf war es „vor 120.000 Jahren so warm, dass Nilpferde in Rhein und Themse lebten." Das beweist, dass es Klimawandel schon immer gab, auch bevor der Mensch auf der Erde auftauchte.

Zum Thema Malaria-Ausbreitung sagte Prof. Reichholf: „Wenn sich hier Malaria ausbreitet, dann hat das nichts mit dem Klimawandel zu tun, sondern damit, dass Touristen sie aus den Tropen mitbringen."

Zwei Panikmeldungen

Das Tagpfauenauge wurde zum Schmetterling des Jahres 2009 gewählt, berichtete der BUND (Bund für Umwelt und Naturschutz). Der Grund dafür sei, dass die Folgen des Klimawandels an seiner Art sichtbar werden: Aufgrund der wärmeren Temperaturen bilde er inzwischen zusätzlich eine zweite Generation im Spätsommer aus.

Das ist absoluter Unsinn und Panikmache, denn zweite und sogar dritte (!) Generationen sind beim Tagpfauenauge seit über 100 Jahren bekannt. Entsprechende Hinweise/Berichte sind in der Literatur immer wieder zu finden!!!

Nach einer weiteren Panik-Meldung Anfang Juli 2009 sollen die Schafe in Schottland immer kleinwüchsiger werden. Ein „Forscher“ fand den Grund heraus: Da die Winter immer wärmer würden, fressen sich die Schafe im Sommer keine so dicke Speckschicht für den Winter an.

Frage: Woher wissen diese Schafe schon im Sommer, dass ein warmer Winter zu erwarten ist?

Brigitte Dahlbender fordert CO_2-freies Baden-Württemberg

Die BUND-Landesvorsitzende von Baden-Württemberg, Dr. Brigitte Dahlbender, sagte am 03.01.2010 auf den Naturschutztagen in Radolfzell dem SWR-Fernsehen:

„Das Land ist im Moment auf der Versagerlinie. Wir fordern vom Land weitreichendes Handeln, dazu gehört für uns ein Klimaschutzgesetz, das CO_2 als Schademission anerkennt, und wir fordern den rigorosen und weitreichenden Ausbau der erneuerbaren Energien sowie das Schaffen dezentraler Strukturen für ein CO_2-freies Land Baden-Württemberg“.

Ich schrieb Frau Dahlbender, dass ich aufgrund ihrer völlig unprofessionellen Aussage heute aus dem BUND ausgetreten wäre, wenn ich das nicht schon vor Jahren getan hätte. Und ich schrieb ihr weiter, dass sie als Biologin eigentlich wissen müsste, dass CO_2 ungiftig sei und dass es ohne CO_2 kein Leben auf der Erde gäbe. Außerdem kann und darf man kein Land CO_2-frei machen, weil wir sonst alle verhungern würden und weil der vom Menschen verursachte CO_2-Anteil in

Deutschland – wie schon erwähnt - nur 1,2 Prozent des gesamten CO_2-Gehalts der Luft von 0,038 Prozent, also nur 0,0005 Prozent beträgt. Sie antwortete mir mit nur einem Satz, dass es sich bei ihrer Ansprache um einen Versprecher gehandelt hätte.

So ein biologischer Unsinn aus dem Munde einer Biologin ist der Höhepunkt des Blödsinns, den ich jemals in Sachen CO_2 hörte. Zum Glück hatte ich Dahlbenders Aussage zufällig aufgezeichnet, so dass ich beweisen kann, dass das, was sie sagte, ernst gemeint und kein Versprecher war.

Bundeskanzlerin Angela Merkel zum Thema Klimaschutz

im Jahr 2007 sagte sie:

„Der Kampf gegen die Erderwärmung ist eine Überlebensfrage der Menschheit".
„Klimaschutz ist ein wesentlicher Wachstumsmotor für die Wirtschaft in der EU."

Im Dezember 2008 sagte sie (was ich für vernünftig halte):

„Die EU darf keine Klimaschutz-Beschlüsse fassen, die in Deutschland Arbeitsplätze oder Investitionen gefährden. Dafür werde ich sorgen."

Laurence Hecht: „Der Betrug des Klimawandels…“

Laurence Hecht schreibt in seinem Bericht „Der Betrug des Klimawandels“: Gores Gasblasen verdunkeln wahre CO_2-Daten“:

„Die Hypothese des vom Menschen freigesetzten Kohlendioxids als Triebkraft der Erderwärmung ist die wohl am umfassendsten untersuchte – und mit Abstand die am meisten diskreditierte. In keinem anderen Fall wurden wissenschaftliche Daten derart missachtet (siehe auch diesen Beitrag). Der Steuerzahler hat noch nie so wenig Wissenschaft für so viel staatliche Gelder bekommen. Der NASA-Vorsitzende Mike Griffin erklärte in einem Interview mit der Frankfurter Allgemeinen Zeitung vom 26. Januar, trotz jährlicher Aufwendungen von 5,5 Mrd. Dollar stehe immer noch nicht fest, ob die derzeitige Klimaänderung vom Menschen gemacht oder nur eine kurzfristige Schwankung sei. Es ist Zeit, mit dem Schwindel aufzuräumen, damit wir nicht im wahrsten Sinne des Wortes im Kalten stehen“.

Ein Wissenschaftler schrieb zum Thema CO_2 / Treibhauseffekt

„Ich mache mir keine Sorgen um eine globale Erwärmung, sondern um die globale Verblödung der Menschen.“

Dieser Aussage schließe ich mich an.

Gustave le Bon (1841-1931): „Die Psychologie der Massen“

Gustave le Bon schrieb schon im Jahr 1895:

„Nie haben die Massen nach Wahrheit gedürstet. Von den Tatsachen, die ihnen missfallen, wenden sie sich ab und ziehen es vor, den Irrtum zu vergöttern, wenn er sie zu verführen vermag. Wer sie zu täuschen versteht, wird leicht ihr Herr, wer sie aufzuklären sucht, stets ihr Opfer.“

Das Warum der CO_2-Hysterie ist für Laien kaum zu begreifen. Dahinter steckt aber der Handel mit CO_2-Zertifikaten, die sogar an der Börse gehandelt werden und inzwischen schon einige Leute zu Multi-Millionären gemacht haben!

Auszug aus dem Bericht „Der Betrug des Klimawandels“

Laurence Hecht über Al Gore, den „grünen Spekulanten“: „Gores Gasblasen verdunkeln wahre CO_2-Daten“

„...Vor diesem Hintergrund stellt die Klimakatastrophenkampagne u. a. den Versuch der Investmentbanken und Hedgefonds dar, mit einer neuen Blase ein neues Gebiet aufzutun, in dem Megaprofite zu finden sind. Al Gore, der wegen seines ineffektiven Präsidentschaftswahlkampfs lange als Steigbügelhalter für George W. Bush diskreditiert und in der Versenkung verschwunden war, ist jetzt weltweit mit seinem unwissenschaftlichen Dokumentarfilm und Vorträgen vor Firmen und Hedgefonds unterwegs, um den CO_2-

Emissions-Zertifikathandel als eine Superprofitquelle anzupreisen.
Was viele seiner grünen Anhänger nicht wissen: Gore ist seit 2001 selber Hedgefonds-Manager. Gore war stellvertretender Vorsitzender der „Metropolitan West Financial LLC" („Metwest"), dessen Vorsitzender der einst wegen Insidergeschäften verurteilte Michael Milken war. Im Jahr 2004 gründeten Gore und David Blood, ehemals Vorstandsvorsitzender der Goldman Sachs Asset Management, den Londoner „Generation Invest Fund", der selbst massiv im CO_2-Emissions-Zertifikathandel tätig ist".

„Das wirkliche Thema, um das es geht, ist der boomende Emissionshandel", schrieb der *Daily Telegraph* am 14. März. „Gore hat einen Trend erkannt, der Handel mit CO_2-Emissionszertifikaten ist derzeit das heißeste Geschäft." Der *Telegraph* berichtete, auch die größten Investmentbanken der Welt stürzten sich auf diesen Markt, der sein Zentrum jetzt in London hat. Gore, seit 2006 offizieller Berater der britischen Regierung in Klimafragen, versprach auf einer Konferenz in Kopenhagen vor rund 2000 Firmen, die am Emissionshandel beteiligt sind, er werde den Präsidentschaftswahlkampf 2008 in den USA zu einer Kampagne um den Klimawandel machen.
Umso wichtiger war deshalb der vom britischen *Channel 4* gesendete Dokumentarfilm mit dem Titel „Der große Schwindel der globalen Erwärmung", der auf die vielen wissenschaftlichen Gegenargumente gegen die angebliche menschgemachte Klima-Katastrophe eingeht und auf die Anfänge dieser Kampagne in der Thatcher-Ära hinweist. Dieser Film ist ein absolutes Muss für jeden, der sich mit diesem Thema beschäftigt."
Sie finden ihn im Internet unter **http://video.google.com**, Suchwort „The Great Global Warming Swindle"

BüSo, die Bürgerrechtsbewegung Solidarität (www.bueso.de)

Die Bewegung schrieb am 19.06.2007:

„Die Britischen Kontrolleure von Al Gore verdienen sich am CO_2-Handel eine goldene Nase:

19. June 2007 (LPAC) – Englands Bankenviertel, die City of London, beabsichtigt, ihre Rolle als Welthauptstadt des CO_2-Zertifikatehandels zu behaupten. Die Lieblingspolitik des Schatzkanzlers Gordon Brown, der am 27. Juni den Posten des Premiers von Tony Blair übernehmen wird. Ein Bericht des Finanzdienstleisters & quot; International Financial Services & quot zeigt, dass die City of London einen immer größeren Anteil des rapide expandierenden Marktes übernimmt, derweil Banken und Börsenhändler überdurchschnittlich stark involviert sind, wie die Tageszeitung *Daily Telegraph* heute berichtete. Bereits im vergangenen Jahr – sogar noch bevor Hedgefonds-Manager Al Gore mit einer weltweiten Kampagne den Schwindel mit der globalen Erwärmung" propagierte – wickelte Londons elektronischer Markt für Energie Futures & quot; ICE & quot; mehr als 80 Prozent des Handels ab, der mit dem Europäischen Handelssystem (ETS) der EU zusammenhängt. Das ETS ist der größte Schwindel mit dem Emissionszertifikathandel & quot seiner Art in der Welt. Das Gesamthandelsvolumen von ETS verdreifachte sich an Umfang und Wert auf 24,4 Mrd. Dollar, und wird mit einem weiteren Wachstum von 50 Prozent für das Jahr 2007 veranschlagt.“

CO_2 – Düngung in Gewächshäusern

Inzwischen hat man wieder entdeckt, was man vor Jahrzehnten schon wusste und praktizierte: Die Düngung der Pflanzen in Gewächshäusern mit CO_2. Meist ist der CO_2-Gehalt in Gewächshäusern geringer als im Freien. Ist der CO_2-Gehalt höher, kann die Leistung der Photosynthese optimiert und die Produktivität gesteigert werden. Dadurch wird die Kulturzeit verkürzt und die Qualität verbessert.

Pflanzen können anorganische Stoffe in organische Stoffe umwandeln. Diese Umwandlung ist möglich mit Licht und mit Hilfe des Chlorophylls (Blattgrün) als Katalysator. Bei der Assimilation des Kohlenstoffs wird das Kohlendioxid (CO_2) der Luft - zusammen mit Wasser - unter Abgabe von Sauerstoff zu Kohlenhydraten (z. B. Traubenzucker, Stärke) aufgebaut, die der Pflanze als natürliche Nahrung dienen.

In unserer Umgebungsluft sind ca. 338 ppm CO_2 enthalten. Der für die Pflanze optimale Anteil an CO_2 liegt jedoch bei 800 bis 1000 ppm. (ppm = parts per million = Teile pro Million; 1 ppm = 1 / 1.000.000). Durch eine Anreicherung der Gewächshaus-Atmosphäre mit CO_2 auf dieses Niveau kann das Pflanzenwachstum auf eine natürliche Art und Weise um bis zu 40 Prozent gesteigert werden. Diese Technik bezeichnet man als CO_2-Düngung. Mehrere Firmen, zum Beispiel Carbagas (www.carbagas.ch/CO2-Duengung), bieten Anlagen zur Gewächshausdüngung mit CO_2 an.

Prof. Hartmut Graßl und das CO_2

In der relativ neuen Broschüre der Mercedes-Benz AG „True Blue Solutions – Der Weg zur emissionsfreien Mobilität" ist zum Thema Klimaschutz ein Interview abgedruckt mit Prof. Hartmut Graßl, dem Chef des PIK (Potsdamer Institut für Klimafolgenforschung). Prof. Graßl vertritt ja seit langem die Meinung, dass überwiegend CO_2 an einer Klimaerwärmung schuld sei.

Auf die Frage:
„WAS FÜR EINEN ANTEIL HAT DAS AUTOMOBIL AN DER KLIMAERWÄRMUNG?" sagte Prof. Graßl:

„Mit zweieinhalb Milliarden Tonnen CO_2 pro Jahr wird vom Verkehr etwas mehr als ein Viertel der weltweiten Gesamtmenge von neun Milliarden Tonnen ausgestoßen. Davon ist mit etwa acht Prozent der Flugverkehr ein relativ kleiner Faktor. Auch der Schiffsverkehr macht nicht viel mehr aus. Den wesentlichen Anteil an dieser gigantischen Summe trägt also der Straßenverkehr. In Deutschland ist die größte Kohlendioxidquelle allerdings das Heizen von Gebäuden." Zitat Ende. Kommentar überflüssig!

Fazit

Es ist völlig absurd, dass sich die jahrelange Diskussion um einen Klimawandel auf CO_2 beschränkt! Wenn überhaupt der Mensch Einfluss auf eine Klima-Erwärmung haben sollte, was ich stark bezweifle, dann niemals durch CO_2.

Wir sollten aber endlich etwas gegen die Luftverschmutzung unternehmen: Russ-Partikel und Feinstaub reduzieren sowie Wasserstoff – Brennstoffzellen – Elektromotor betriebene Fahrzeuge auf den Markt bringen, bevor wir in dieser Technologie von den Japanern, z. B. von HONDA, völlig überholt werden.

Honda produziert bereits seit Juni 2008 den HONDA FCX Clarity in Serie (Wasserstoff-Brennstoffzelle-Elektromotor). Seit 2008 fährt der HONDA FCX Clarity in Kleinserien in Japan und Kalifornien. Er wurde 2009 mit dem „World Green Car" als umweltfreundlichstes Auto ausgezeichnet. Reichweite 430 km, Verbrauch 3,3 Liter Wasserstoff/100 km, null Emissionen.

Sobald Wasserstoff betriebene Fahrzeuge auch in Deutschland auf dem Markt sind, können wir die Diskussion über den CO_2-Ausstoß von Kraftfahrzeugen endlich zu den Akten legen.

Zwischenlösungen, z. B. Hybridautos, die schwer sind, weil sie sowohl den Verbrennungsmotor als auch den Elektromotor und die zusätzlichen Batterien transportieren müssen, bringen unter dem Strich nichts. Außerdem sind sie in der Anschaffung wesentlich teurer als andere Kraftfahrzeuge.

Reine Elektro-Autos, die aus der Netz-Steckdose aufgeladen werden müssen, sind ein technischer Rückschritt, weil die Stromerzeugung durch herkömmliche Kraftwerke die Luft verschmutzt. Es sei denn, wir kehren zurück zum Atomstrom, was aber bei uns fast niemand mehr will. Oder man lädt die Batterien der Elektroautos mit Solarstrom auf, was aber sehr teuer ist, weil es Berechnungen gibt, wonach die Herstellung einer Solarzelle an Energie- und Materialkosten

gleichviel kostet, was sie in ihrer kurzen Lebensdauer von 15-25 Jahren in unseren Breiten an Strom produziert.

„Das Verbreiten von Ängsten ist ein Verbrechen an der Demokratie“ sagte Jacques Delors, Präsident der EU-Kommission a. D. am 26. Juni 2008

In den Medien wird das ungiftige CO_2 immer wieder als Giftgas bezeichnet. So auch von Frau Caren Miosga in den ARD - 20.00 Uhr - Nachrichten Anfang Juli 2009. Bevor man vor einem TV-Massenpublikum solche gravierenden Fehler macht, sollte man sich vorher besser informieren.

Weltuntergangsszenarien wider besseres Wissen zu prophezeien, ist aber das beliebteste Thema von ein paar deutschen Wissenschaftlern und Politikern sowie von Medien. Seit vielen Jahrzehnten verkünden Klimapaniker und Wichtigtuer einen rasanten Klimawandel. In den letzten 100 Jahren hat die Durchschnittstemperatur auf der Erde um rund 0,7 Grad zugenommen.

Satelliten, die täglich die Erde umrunden, zeigen, dass die Erde seit 2001 nicht mehr wärmer wurde. Die Eisfläche der Antarktis hat sich wieder vergrößert, was Satellitenaufnahmen bestätigt haben. Von den Grönland-Gletschern schmelzen zwei Prozent, aber 98 Prozent der Grönland-Gletscher nehmen zu.

Nochmals: Klimawandel gibt es schon immer

Schon lange bevor es auf der Erde Menschen gab, hat die Sonne unser Klima bestimmt! Seit Millionen von Jahren gibt es Eiszeiten, Zwischeneiszeiten, Kaltzeiten und Warmzeiten auf der Erde, ohne das „anthropogene oder menschgemachte“ CO_2. Und das wird auch in Zukunft so sein. Und gegen natürliche Klima-Veränderungen/Klima-Schwankungen ist der Mensch völlig machtlos. Und für „Klimaschutz“, den der Mensch nicht ändern kann, auch noch Billionen Euro auszugeben, die man nicht hat und wenn man sie hätte, für wichtigere Dinge ausgeben müsste – ist barer Unsinn!

Die Teilnehmer des G8-Treffens in L'Aquila/Italien

haben im Juli 2009 festgelegt, die Welttemperatur bis Ende unseres Jahrhunderts um nicht mehr als zwei Grad Celsius ansteigen zu lassen. Das ist wohl der größte Witz, auf den sich Staatsoberhäupter jemals geeinigt haben. Er wird todsicher in die Geschichte eingehen.
Vielleicht wird beim nächsten G8-Treffen beschlossen, dass künftig Erdbeben verboten werden, dass es keinen Tsunami mehr geben darf, dass die Sonne nur eine bestimmte Zeit scheinen darf, dass keine Vulkane mehr ausbrechen dürfen, dass die Kontinental-Plattenverschiebung verboten und die Erdrotation verringert oder beschleunigt wird…

Wie konnte es zu dieser Massenhysterie kommen, dass sich selbst intelligente Menschen einbilden oder einflößen ließen,

das Klima steuern zu können? Ob es zu einem Temperaturanstieg in 100 Jahren kommen wird oder ob bis dahin aufgrund der momentan verringerten Sonnenaktivität eine „Kleine Eiszeit" zu erwarten ist, wie viele Wissenschaftler meinen, bleibt abzuwarten. Jedenfalls werden bis dahin alle G8-Teilnehmer längst unter der Erde sein. Sie werden - ebenso wie die momentanen Klimawissenschaftler – zum Glück nie erfahren, ob es bis Ende des 21. Jahrhunderts wärmer oder kälter sein wird.

Umweltschutz ja!
Klimaschutz nein, weil das unmöglich und deshalb völlig sinnlos ist!

Es gibt nach wie vor k e i n e Beweise, dass

- **CO_2 an einer Klimaerwärmung schuld ist**
- **mehr CO_2 die Temperaturen steigen lässt**

Der Beweis einer Erwärmung ist kein Beweis dafür, dass die sogenannten Treibhausgase diese Erwärmung bewirken. Der Knackpunkt ist: Wenn Treibhausgase die Erde erwärmen, müsste man erste Anzeichen in zehn Kilometer Höhe über den Tropen sehen. Aber dieser „Hot Spot" fehlt noch immer.

Die Petition von 31.478 Wissenschaftlern: „Global Warming Petition Project“ (Oregon Petition)

Die stolze Zahl von 31.478 amerikanischen Wissenschaftlern hat „The Petition Project“ unterzeichnet.

Der Wortlaut dieser Petition ist:

„Es gibt keinen überzeugenden wissenschaftlichen Beweis, dass der vom Menschen verursachte Ausstoß von Kohlendioxid, Methan oder anderer Treibhausgase eine katastrophale Erwärmung der Erdatmosphäre und Zerstörung des Erdklimas verursacht oder in absehbarer Zukunft verursachen wird.
Ganz im Gegenteil, es gibt wesentliche wissenschaftliche Beweise, dass eine Zunahme von CO_2 in der Atmosphäre auf die Umweltbedingungen der natürlichen Pflanzen und Lebewesen unserer Erde viele nutzbringende Effekte beschert.“
Quelle: www.petitionproject.org

Kann der Mensch das Klima ändern?

Nein!
Niemals!

Um das Klima vermeintlich zu ändern, wollen die „Weltretter“ ein paar Billionen Euro sinnlos investieren bzw. verschwenden. Emissionshandel und Ökosteuer schaden den Industrie-Staaten. Die Umstellung der Wirtschaft auf die

nicht realisierbaren und deshalb irrsinnigen Klimaschutzziele wird viele Firmen und ganze Industrieländer ruinieren.

Zum Nachdenken!

Der Naturwissenschaftler, Diplom - Biologe Ernst - Georg Beck aus Breisach sagte:
„Welche Abgase haben im Mittelalter das Wärmeoptimum mit zum Beispiel höheren Weinernten als heute bewirkt und weshalb war das Nordmeer bei der Besiedlung Grönlands eisfrei? Welche Abgase kühlten die Welt um 1650 in der kleinen Eiszeit? Und welche Abgase sorgten in der römischen Warmzeit für den Weinbau in England und Dänemark? ... Sowohl im Mittelalter als auch zur Römerzeit waren die Alpen nahezu eisfrei... Jeder Wissenschaftler und Politiker hat bis zum Jahr 1500 behauptet, die Erde sei eine Scheibe, war sie eine?"

Wie durch Ignoranz und Arroganz immer wieder wissenschaftliche Erkenntnisse verworfen/missachtet werden, möchte ich hier an nur zwei Beispielen erwähnen:
Der ungarische Arzt Dr. Ignaz Philipp Semmelweis entdeckte, dass das Kindbettfieber auf mangelnde Hygiene bei Ärzten und Krankenschwestern zurückzuführen ist. Zu Lebzeiten hat man seine Erkenntnisse nicht anerkannt, weil seine Kollegen sie als spekulativen Unfug bezeichneten und damit in Kauf nahmen, dass weiterhin sehr viele Frauen nach der Entbindung starben.

Ein anderes Beispiel ist Galileo Galilei, römischer Mathematiker, Physiker, Astronom und Philosoph. Die Kirche hatte ihn für seine wissenschaftlichen Behauptungen verurteilt

und mundtot gemacht, aber 428 Jahre nach seinem Tod, am 2.11.1992 - unter Papst Johannes Paul II. – rehabilitiert. Beides sind unglaubliche Vorgänge, die zum Nachdenken anregen sollten. Leider gibt es noch viele solcher Beispiele. Weil viele Innovationen in der Wissenschaft eher eine Bestrafung als eine Honorierung zur Folge haben, nennt man sie „Semmelweis-Reflex".

Der dramatische Bericht der Royal Society über den Eisrückgang

„In den Regionen um den Polarkreis hat ein bemerkenswerter Klimawechsel stattgefunden... Mehr als 2.000 Quadratmeilen Eisfläche zwischen 74 und 80 Grad nördlicher Breite, die bislang die Grönlandsee bedeckten, sind in den letzten zwei Jahren vollkommen verschwunden..."

„Alle Flüsse, die im Hochgebirge entspringen, haben aufgrund der abgetauten Schnee- und Gletscherwasser weite Regionen überschwemmt..."

„Die britische Royal Society empfiehlt dringend die Entsendung von Schiffen, um den dramatischen Klimaumschwung im Nordmeer zu erforschen.."

Der obige Bericht stammt vom 20. November 1817.
(Quelle: EIKE – Europäisches Institut für Klima und Energie).

Andere Horror-Themen vergangener Jahre

zum Beispiel das Waldsterben, FCKW und das Ozonloch, Energie-Sparlampen...,

die von deutschen Politikern, Wissenschaftlern, Pseudowissenschaftlern und Umweltverbänden aufgegriffen und heftig diskutiert wurden, mit dem "Erfolg", dass es keine Lösung gab und geben konnte, weil auch keine Lösung erforderlich war. Immer wieder fahren die Deutschen – im Gegensatz zu anderen Nationen – hundertprozentig darauf ab, Probleme beseitigen zu wollen, die gar keine sind oder „Verbesserungen" zu propagieren, die keine sind. So seit Jahren auch beim leidigen Thema CO_2. Man ist Umweltverbänden, hoch dotierten „Klima-Wissenschaftlern" und einigen Politikern gefolgt, ohne selbst das Gehirn einzuschalten. Ein Buch mit dem ungefähren Titel: „Die totale Verblödung der Deutschen" wäre längst überfällig. Stoff dazu hört und liest man täglich. Man denke nur zum Beispiel an die von Umweltverbänden so hoch gepriesenen Energie-Sparlampen, die hochgiftiges Quecksilber enthalten, also „Quecksilber - Zeitbomben" sind, die in fast jedem Haus „ticken".

Mercedes-Benz: Das Wasserstoffauto kommt im Jahr 2015

Mercedes-Benz hat bereits im Frühjahr 1979 auf der Hannover Messe den Wasserstoff-Motor vorgestellt. Er lief von morgens bis abends in einer Ausstellungshalle, und die große

Masse der Besucher befürchtete CO-Vergiftungen (Kohlenmonoxid), weil sie keinen blassen Dunst davon hatte, dass ein Wasserstoff-Motor als „Abgas“ lediglich harmlosen Wasserdampf ausstößt.

Inzwischen sind rund 35 Jahre vergangen. Immerhin laufen die Passagier-Zubringerbusse am Münchener Flughafen schon seit mehreren Jahren mit Wasserstoff, ebenfalls die Berliner Stadtbusse und seit vier Jahren auch die Busse der Hamburger Verkehrsbetriebe.
In der Broschüre von Mercedes-Benz aus dem Jahr 2010 ist auf den Seiten 18/19 angekündigt:
„Als einziger Automobilhersteller haben wir mit diesem innovativen Antrieb (gemeint ist Wasserstoff) bereits 4,5 Millionen Testkilometer hinter uns. Ab 2010 sind ausgewählte Kunden mit einer B-Klasse F-CELL aus unserer Kleinserie unterwegs. Sie fahren mit Wasserstoff und hinterlassen statt CO_2 nur Wasserdampf. Voraussichtlich ab 2015 ist der Elektroantrieb mit Brennstoffzelle dann reif für die Serienproduktion und bringt auch Sie ohne lokale Emissionen ans Ziel“.

Der Unsinn 3-fach verglaster Fenster

Die von den „Erfindern“ nicht bedachten Nachteile mussten wir jüngst selbst erfahren. Dreifach verglaste Fenster lassen ca. 30 Prozent weniger Licht und Wärme in das Hausinnere. Das hat zur Folge, dass man in der kühlen Jahreszeit (Frühjahr und Herbst) heizen muss, weil fast keine Wärme mehr von außen durch die Fensterscheiben eindringen kann. Und durch den 30prozentigen Lichtverlust muss man in den Morgen- und Abendstunden länger das Licht einschalten.

Unter dem Strich bedeutet das: Was man im Winter an Heizmaterial einspart, muss man in der Übergangszeit an Mehrkosten für Heizung und Beleuchtung ausgeben. Außerdem muss in die Rollladenkästen eine elektrische Lüftung eingebaut werden, weil die dreifach verglasten Fenster eine natürliche Luftzirkulation nicht mehr zulassen. Ohne elektrische Lüfter (zusätzliche Stromkosten!) im Rollladenkasten ist Schimmel-Bildung in Wohnungen vorprogrammiert!
Ein weiterer großer Nachteil ist, dass Vögel in voller Wucht dagegen fliegen, weil die Fensterscheiben derart dunkel sind, dass sich die Landschaft – wie in einem Spiegel - darin spiegelt. Inzwischen sind schon über 50 Singvögel gegen das Fenster an der Südseite geknallt. Sie waren entweder sofort tot oder wurden – im bewusstlosen Zustand – von Katzen gefressen. Bei den früheren Doppelfenstern gab es das niemals.

Windenergie und Photovoltaik in unseren Breiten: der teuerste Strom der Welt

Auch wenn wir unser Land ganz mit Windenergie- und Photovoltaikanlagen zubauen, können wir unseren Strombedarf nicht rund um die Uhr und zu jeder Jahreszeit decken. Weil bekanntlich nicht immer der Wind weht, und wenn, dann nicht immer in der richtigen Stärke - und weil die Sonne nachts nicht scheint und die Globalstrahlung in unseren Breiten nur in den Sommermonaten geeignet ist, genügend Strom zu produzieren. Außerdem wurde Windenergie pro Arbeitsplatz und Jahr bisher mit bis zu 150.000 Euro und Photovoltaik mit bis zu 128.000 Euro subventioniert. Mit Geldern, für die der Steuerzahler und der Stromabnehmer aufkommen muss.

Nach Angaben der Hersteller sollen Windkraftanlagen eine Lebensdauer von 25 Jahren haben. Jedoch eine neue Studie von 2012 an fast 3.000 Windkraftanlagen im UK zeigt, dass sie nach nur zwölf Jahren Anzeichen von Verschleiß aufweisen. Das bekräftigt meine Annahme, dass sich Windkraftanlagen energetisch noch nicht amortisiert haben, ehe sie schrottreif sind und erneuert werden müssen. Hinzu kommen die laufenden Wartungs-Kosten, die ebenfalls der Stromkunde bezahlen muss. Das gilt auch für die noch zu bauenden Stromleitungen für Windkraftanlagen von Nord nach Süd.
Ich bin vor einigen Jahren aus dem BUND ausgetreten, weil in einem Bericht in der BUND-Zeitung behauptet wurde, dass sich eine Windkraftanlage in nur sieben Monaten energetisch amortisieren würde. Das ist unmöglich!

2012: Ökostrom – so teuer wie noch nie!

Laut der FAZ vom 07.01.2013 und der Videotextmeldung des MDR, Tafel 119 vom 07.01.2013, haben die Stromverbraucher in Deutschland noch nie so viel für die erneuerbaren Energien bezahlt wie im Jahr 2012:
Die Ökostrom-Erzeuger erhielten im Jahr 2012 mehr als 20 Milliarden Euro.
Davon bezahlten die Stromverbraucher den Löwenanteil von fast 17 Milliarden Euro, also fast 85 Prozent, obwohl der Marktwert des Stroms einen Bruchteil von nur 2,9 Milliarden Euro betrug.
Diese Zahlen stammen dem FAZ-Bericht zufolge aus einer Übersicht der vier Stromnetzbetreiber in Deutschland.

Erneuerbare-Energien-Gesetz (EEG) oder wie man die Bürger abzockt

Mit Rundschreiben vom 07. Januar 2013 und dem beigefügten Flyer „Ihre Strompreis – Energiepreis - Entwicklungen besser verstehen" schreibt die EnBW / ODR:

„Seit Öffnung des Energiemarkts 1998 hat sich die Summe staatlicher Steuern und Abgaben beim Strompreis verzehnfacht. Mussten die Kunden vor 14 Jahren noch 2,3 Milliarden an Steuern und Abgaben bezahlen, ist dieser Betrag mittlerweile auf 23,7 Milliarden angestiegen. Den größten Anteil hat die Umlage zur Förderung erneuerbarer Energien (EEG-Umlage). Die Kosten für Strombeschaffung, Vertrieb und Service machen nur noch ein gutes Drittel des Strompreises aus".
„Das Erneuerbare-Energien-Gesetz (EEG) sorgt gezielt dafür, dass sich der Ausbau erneuerbarer Energien lohnt und treibt damit die Energiewende voran. Die entstehenden Kosten werden über ein Umlageverfahren auf alle Stromkunden verteilt.
2013 stieg die EEG-Umlage erneut an – von 3,592 Cent/kWh netto auf 5,277 Cent/kWh netto..." „...Hinzu kommen noch die flächendeckend gestiegenen Netzentgelte..."

Das ist ein unglaublicher Preisanstieg von genau 46,90 Prozent netto in einem einzigen Jahr!!! Wie sollen Rentner mit einer Minimalrente von unter 800 Euro diesen Preisanstieg bezahlen können? Die Rentenanpassung in den vergangenen zwölf Jahren betrug durchschnittlich ein Prozent im Jahr. Parallel dazu erhöhte sich aber der Lebenshaltungskostenindex pro Jahr um durchschnittlich einen Punkt.
Zusätzlich zu den hohen Kosten des EEG kommen noch

weitere Kosten für das Kraft-Wärme-Kopplungsgesetz (KWK-G). Dadurch erhöht sich ab 1. Januar 2013 jede Kilowattstunde um weitere 0,126 ct/kWh.

Dann ist da noch die Offshore-Haftungsumlage gemäß § 17 Energiewirtschaftsgesetz (EnWG), die ab 1. Januar 2013 mit zusätzlichen 0,25 ct/kWh zum Strompreis kommt, mit der gesetzlichen Begründung:
„Über die neue Offshore-Haftungsumlage sollen Entschädigungszahlungen an Windparkbetreiber finanziert werden, wenn deren Anlagen durch Probleme mit dem Netzanschluss keinen Strom einspeisen können. Über die Haftungsregelungen erhalten Windparkbetreiber 90 Prozent der vom Gesetzgeber versprochenen Einspeisevergütung, wenn ein Netzanschluss nicht rechtzeitig zustande kommt oder aufgrund von Störungen ausfällt“. Das ist unglaublich!
Ich bezweifle, ob dieses Gesetz einer Klage standhält. Ich bin kein Jurist, aber meines Erachtens verstößt es gegen das Grundgesetz. Der Bürger/der Stromkunde bezahlt ja seinen Strom, auch den aus alternativer Stromgewinnung. Wie kann man ihm zusätzlich noch die Kosten für eine Offshore-Haftungsumlage aufbürden?
Es ist nicht die Schuld des Stromkunden, wenn Windparks von Unternehmen angelegt werden, die sich nicht vorab erkundigen, ob bzw. wann Leitungen zur Stromeinspeisung zur Verfügung stehen.
Stromkunden können auch nicht dafür verantwortlich gemacht werden, wenn infolge von Störungen – oder gar durch höhere Gewalt – kein Strom in die Leitungen eingespeist werden kann.
Im umgekehrten Fall kann der Stromabnehmer den Stromlieferanten nicht verklagen, wenn - zum Beispiel durch höhere Gewalt - die Stromlieferung kurz- oder langfristig unterbrochen ist. Also gleiches Recht für alle!

Die Energiewende ist ein Schildbürgerstreich

Nach den Grafiken von Professor Dr.-Ing Helmut Alt von der FH Aachen war der Wert der Einspeiseleistungen aller Wind- und Solarenergieanlagen am 13. März 2014 nicht 5 Prozent, nicht 1 Prozent - wie vielfach behauptet wird - sondern 1 Promille (0,1 Prozent) der installierten Leistung war aus allen deutschen Windenergieanlagen (34 Gigawatt oder GW installierte Leistung) verfügbar. An diesem sehr sonnigen und windstillen Vorfrühlingstag hat uns Stromverbraucher der schöne Sonnentag 47 Millionen Euro gekostet.
Von 36 GW installierter Sonnenleistung waren in ganz Deutschland um die Mittagszeit (am 13.3.2014) 21,7 GW (60 Prozent) verfügbar. Die Sonnenanlagenbetreiber (Photovoltaik) haben an diesem Tag 51 Millionen Euro, die Windanlagenbetreiber zwei Millionen Euro bekommen, zusammen also 53 Millionen Euro.

Der Wert des Stromes an der Börse betrug aber nur 5,6 Millionen Euro.

Fazit: Die Energiewende ist ein Schildbürgerstreich. Die Betreiber und die Geldgeber solcher Anlagen verdienen sich eine goldene Nase, während das "Fußvolk", die Stromverbraucher, die Zeche von überteuertem Strom und enormer EEG-Umlage bezahlen müssen. Wo bleibt die Gerechtigkeit?
Quelle: Prof. Dr.-Ing. Helmut Alt, Hochschule Aachen.
Datenquelle: EEX-Leipzig (Das ist die Europäische Strombörse AG, die 2002 gegründet wurde - EEX AG Leipzig, European Energy Exchange, die führende Energiebörse in Kontinentaleuropa für Strom, Kohle, Erdgas und CO_2-Zertifikate).

Einspeiseleistungen aller Windenergieanlagen am 13. 3. 2014

nicht 5 %, nicht 1 % wie vielfach behauptet wird, sondern 1 Promille der installierten Leistung waren aus allen deutschen Windenergieanlagen (34 GW installierte Leistung) verfügbar.

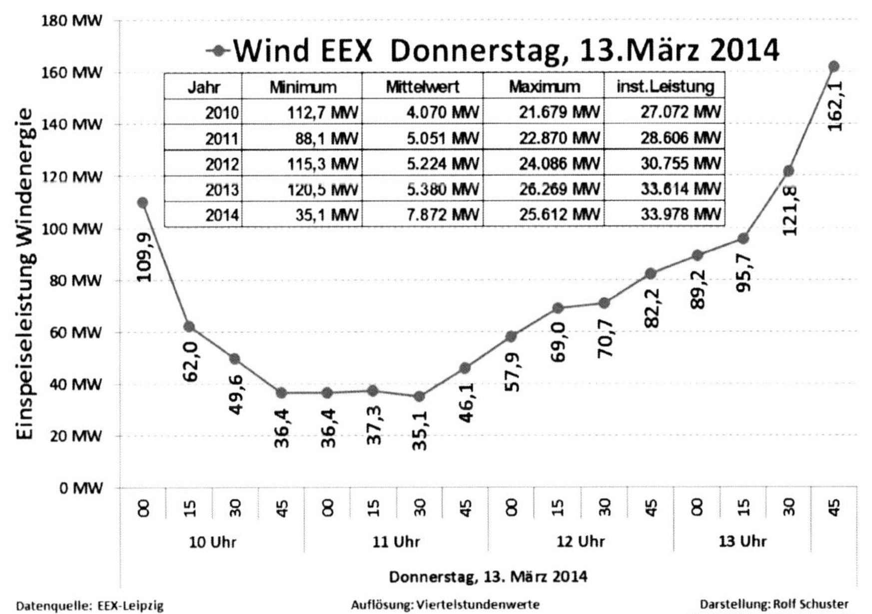

Jahr	Minimum	Mittelwert	Maximum	inst. Leistung
2010	112,7 MW	4.070 MW	21.679 MW	27.072 MW
2011	88,1 MW	5.051 MW	22.870 MW	28.606 MW
2012	115,3 MW	5.224 MW	24.086 MW	30.755 MW
2013	120,5 MW	5.380 MW	26.269 MW	33.614 MW
2014	35,1 MW	7.872 MW	25.612 MW	33.978 MW

Datenquelle: EEX-Leipzig Auflösung: Viertelstundenwerte Darstellung: Rolf Schuster

Aus der Tagesganglinie der Verbrauchsleistung ist zu erkennen, dass an diesem sehr sonnigen aber windstillen Tag die Photovoltaikeinspeisung die Einspeisung der großen Kraftwerke zurück gedrängt hat.
Die Grenzkosten dieser Kraftwerke liegen meist deutlich unter 2 ct/kWh.

Entgegen aller wirtschaftlichen Vernunft wurde an Stelle dessen Strom zu Kosten zwischen 9 und 50 ct/kWh ins Versorgungsnetz genommen, zu Lasten aller Stromverbraucher, ausgenommen den EEG-privilegierten Unternehmen.

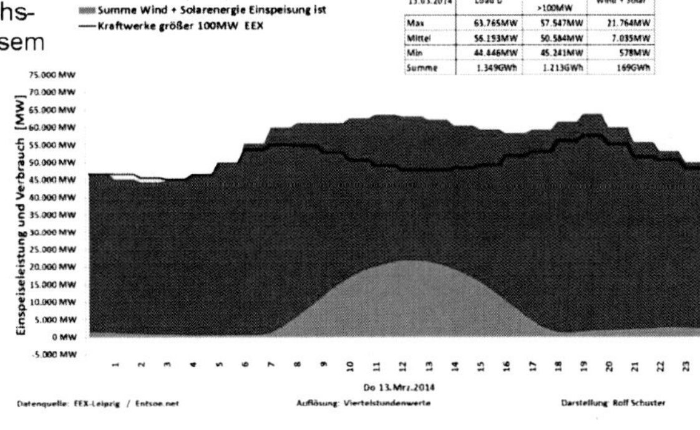

13.03.2014	Load D	Kraftwerke >100MW	Wind + Solar
Max	63.765MW	57.547MW	21.764MW
Mittel	56.193MW	50.584MW	7.035MW
Min	44.446MW	45.241MW	578MW
Summe	1.349GWh	1.213GWh	169GWh

Ebenso deutlich ist zu erkennen, dass von den 70 GW installierter Leistung (34 GW Wind und 36 GW Sonne) frühmorgens und abends praktisch nichts verfügbar war. Es muss also ein Kraftwerksmix vorgehalten werden, als ob die 70 GW EEG-Anlagen nicht vorhanden wären.

Daher sind diese auch zu jedem beliebigen Zeitpunkt verzichtbar, aber trotzdem sehr teuer.

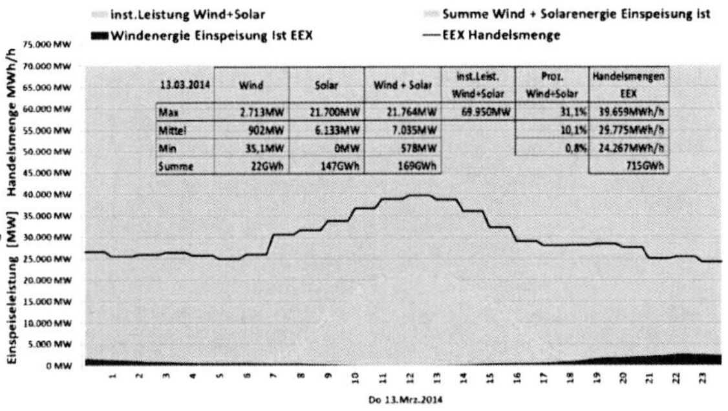

13.03.2014	Wind	Solar	Wind + Solar	inst.Leist. Wind+Solar	Proz. Wind+Solar	Handelsmengen EEX
Max	2.713MW	21.700MW	21.764MW	69.950MW	31,1%	39.659MWh/h
Mittel	902MW	6.133MW	7.035MW		10,1%	29.775MWh/h
Min	35,1MW	0MW	578MW		0,8%	24.267MWh/h
Summe	22GWh	147GWh	169GWh			715GWh

Wert der Einspeiseleistungen aller Wind- und Solarenergieanlagen am 13. 3. 2014

nicht 5%, nicht 1 % wie vielfach behauptet wird, sondern 1 Promille der installierten Leistung waren aus allen deutschen Windenergieanlagen (34 GW installierte Leistung) verfügbar.
An diesem sehr sonnigen und windstillen Vorfrühlingstag hat uns Stromverbraucher der schöne Sonnentag 47 Millionen Euro gekostet.

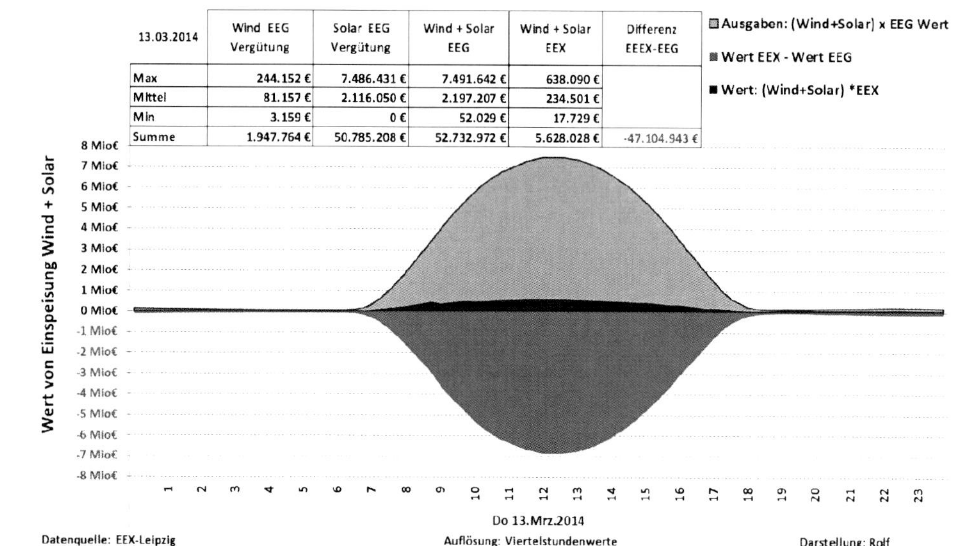

13.03.2014	Wind EEG Vergütung	Solar EEG Vergütung	Wind + Solar EEG	Wind + Solar EEX	Differenz EEEX-EEG
Max	244.152 €	7.486.431 €	7.491.642 €	638.090 €	
Mittel	81.157 €	2.116.050 €	2.197.207 €	234.501 €	
Min	3.159 €	0 €	52.029 €	17.729 €	
Summe	1.947.764 €	50.785.208 €	52.732.972 €	5.628.028 €	-47.104.943 €

Von 36 GW installierter Sonnenleistung waren In ganz Deutschland um die Mittagszeit 21,7 GW (60 %) verfügbar.
Die Sonnenanlagenbetreiber haben 51 Mio. €, die Windanlagenbetreiber 2 Mio. € bekommen.

Der Wert des Stromes an der Börse war aber nur 5,6 Mio. €.

Die Energiewende ist ein Schildbürgerstreich.

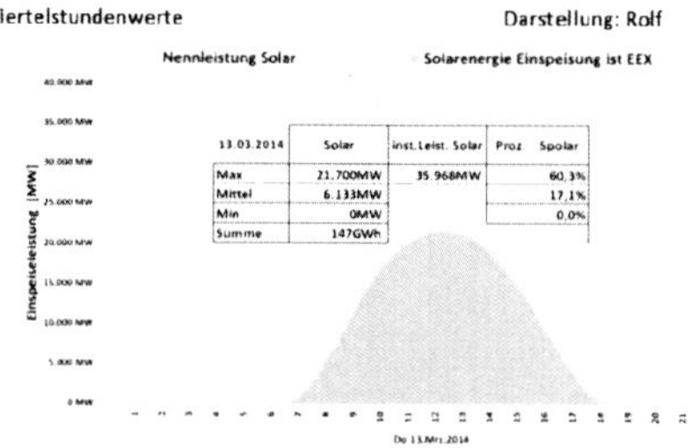

13.03.2014	Solar	inst. Leist. Solar	Proz Spolar
Max	21.700MW	35.968MW	60,3%
Mittel	6.133MW		17,1%
Min	0MW		0,0%
Summe	147GWh		

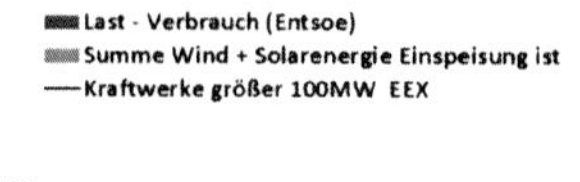

13.03.2014	Load D	Kraftwerke >100MW	Wind + Solar
Max	63.765MW	57.547MW	21.764MW
Mittel	56.193MW	50.584MW	7.035MW
Min	44.446MW	45.241MW	578MW
Summe	1.349GWh	1.213GWh	169GWh

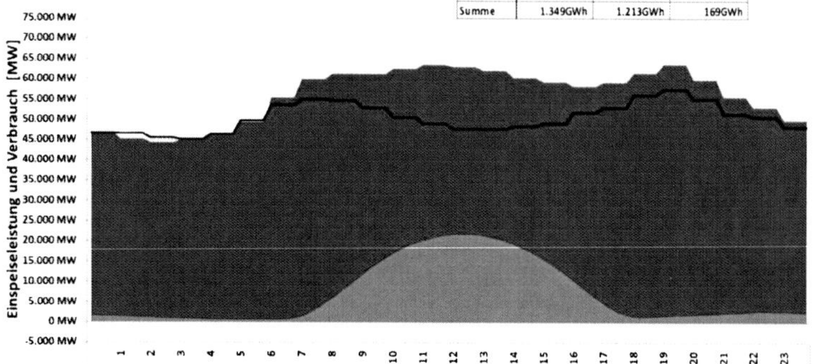

Ungeeignete Standorte für Windkraftanlagen

Seit Jahren stelle ich immer wieder in Deutschland und Spanien fest, dass man viele Windkraftanlagen an völlig ungeeignete Standorte gebaut hat. Sie stehen fast immer still, selbst wenn die Windverhältnisse ideal sind. Der Stillstand der Rotorblätter hat nichts damit zu tun, dass gerade kein Strom ins Netz eingespeist werden kann. Vielmehr liegt es am ungeeigneten Standort. Es ist eine irrige Meinung, dass Windkraftanlagen an einem hohen Standort, also auf Bergen, unbedingt mehr Windkraft bekommen als im Flachland.
Verantwortlich für dieses Phänomen sind verschiedene physikalische Effekte: der Coanda-Effekt (Unterdruck/Sog), die Reynoldszahl (Fließgeschwindigkeit) und die Kármánsche Wirbelstraße (Wirbelbildung, abhängig von der Fließgeschwindigkeit).

Bei Windkraft-Anlagen, besonders auf erhöhten Standorten, wie zum Beispiel am Albrand, spielt besonders der Coanda-Effekt (benannt nach dem Flugzeugkonstrukteur Henri Coanda, der im Jahr 1910 sein erstes Flugzeug baute) eine entscheidende Rolle. Ein Flugzeug fliegt ja bekanntlich durch ein Drittel Auftrieb (Schrägstellung der Tragfläche zur Luftströmung) und zwei Drittel Sog. Letzteres wird erreicht durch die konvexe Oberseite der Tragfläche, auf der die Luftströmung einen größeren Weg zurücklegen muss als auf der Unterseite. Dadurch entsteht auf der Oberseite ein Unterdruck, ein Sog (Coanda-Effekt). Dieser physikalisch begründete Effekt wirkt sich negativ auf ungeeignete Standorte von Windkraftanlagen aus.

Ein Beispiel:

Die sieben Windkraftanlagen zwischen Lauchheim-Hülen und Waldhausen im Ostalbkreis/Baden-Württemberg. Der Höhenunterschied zwischen der Talsohle bei Lauchheim (400 m) und Aalen-Waldhausen (610 m) beträgt zirka 210 Meter. Strömt der Wind von Westen oder Nordwesten über das Albvorland, muss er die Albhochfläche im Bereich zwischen Lauchheim und Westhausen überwinden und dabei einen längeren Weg zurücklegen. Es entsteht Unterdruck, der die Windströmung auf der fast ebenen Hochfläche ansaugt, was sich negativ auf die Windkraftanlagen auswirkt. Ein weiterer großer Nachteil ist der Wald, der die Windströmung abbremst und verwirbelt.

Da vom Standort der Windkraftanlagen das Gelände in Richtung Waldhausen fällt, reißt in diesem Bereich – abhängig von der Strömungsgeschwindigkeit (Reynoldszahl) – die Strömung und damit der Unterdruck/Sog wieder vom Erdboden ab, das heißt ab hier oder noch weiter südöstlich wäre der optimale Standort für die Windkraftanlagen gewesen.

Noch eine Bemerkung zur Gefährlichkeit von Windkraftanlagen für Vögel: Bei einer durchschnittlichen Windgeschwindigkeit/Drehzahl und einem Gesamtdurchmesser der Rotorblätter von zirka 50 Meter ergibt sich eine Umfanggeschwindigkeit an der Spitze der Rotorblätter von durchschnittlich 200 km/h. Einer solchen Geschwindigkeit kann kein Vogel ausweichen.

Die Photovoltaik

Sie lohnt sich in Deutschland – ohne Subventionierung - nicht. Die Globalstrahlung ist hier so gering, dass nur an wenigen Sommertagen einigermaßen Strom produziert werden kann. Entscheidend für eine positive solare Stromausbeute ist nicht die Strom-Spannung (Volt), sondern die Stromstärke (Ampere). Die Lebensdauer der Solarzellen liegt bei ca. 25 Jahren. In dieser geringen Zeit werden sie in Deutschland gerade mal die Kosten einbringen, die zu ihrer Herstellung und Montage entstanden sind. Ohne staatliche Subventionen – die der Steuerzahler finanziert – werden sie sich in ihrer relativ kurzen Lebensdauer nicht amortisieren.

Anmerkung:

Zur Entwicklung meines Patents 1 900 069 „Dacheindeckungselemente beliebiger Form und Größe mit integrierten Solarzellen zur Stromerzeugung aus Sonnenlicht“ (zum Patent angemeldet am 03.01.1969!), haben meine Jahrzehnte langen Versuche ergeben, dass sich die Photovoltaik in unseren Breiten - aufgrund der geringen Globalstrahlung - nie und nimmer rentiert.

Den Solarstrom speicherte ich in einer stationären VARTA-Batterie-Anlage mit 24 V= und 490 Ah. Den gespeicherten 24 V Gleichstrom wandelte ich über einen Spannungswandler in 220 V Wechselstrom um (Wirkungsgrad 90 Prozent). Es hat sich rasch gezeigt, dass die Selbstentladungsrate der stationären Batterie-Anlage so hoch war, dass ich während der 20-jährigen Betriebszeit in allen Herbst- und Wintermonaten die Batterie-Anlage laufend mit Netzstrom aufladen musste, damit sie durch Unterspannung keinen Schaden erlitt. An dieser traurigen Tatsache hat sich bis heute nichts geändert. Das bedeutet, dass Photovoltaik unter Berücksichtigung aller Faktoren (Anschaffungs- und Subventionskosten, begrenzte Lebensdauer, ungenügende Solarstrahlung) in unseren Breiten rausgeworfenes Geld ist.

Ein momentaner Unsinn ist, dass die Geldanleger in Windkraftanlagen und Photovoltaik selbst dann die Einspeisevergütungen ins Netz bekommen, wenn der Strom nicht eingespeist werden kann, weil er zur falschen Zeit produziert wurde. Diese Kosten für etwas, das dem E-Werk null bringt, müssen letztendlich die Stromverbraucher bezahlen, während die Geldanleger in Windkraft- und Photovoltaik-Anlagen davon profitieren. Alles in allem eine ganz ungerechte „Lösung".

Zum Teil unsinnige Photovoltaik-Anlagen

Mir fällt immer wieder an Photovoltaik-Anlagen auf, dass häufig Teilflächen der Anlage von Kaminen oder Bäumen beschattet werden. Bei einer Serienschaltung ist es aber wie bei einer Kette: Sie ist so stark wie ihr schwächstes Glied. Das heißt die überwiegend in Serie/Reihe geschalteten Solarzellen/Solarmodule erzeugen *nur* so wenig Strom, wie das/die beschattete/n Photo-Element/e bringt/bringen bzw. zulässt/zulassen.

Bei manchen Photovoltaik-Haien geht die Verkaufseuphorie schon soweit, dass sie ahnungslosen Menschen Photovoltaik-Anlagen auf der Nordseite von Satteldächern aufschwatzen. Das kann man zum Beispiel am Ortsende von Ehringen/Nördlinger Ries (zwischen Nördlingen und

Wallerstein) auf einem großen landwirtschaftlichen Anwesen sehen. Ich wette, dass der Stromertrag an der Nordseite grundsätzlich so gering ist, dass man damit nicht einmal die Verzinsung für eine solch` unsinnige Photovoltaik-Anlage bezahlen kann. Um rigorosen Verkäufern von solch nichtsnutzigen Photovoltaik-Anlagen das Handwerk zu legen, gehören sie ins Gefängnis.

Ein gravierender Nachteil ist, dass der durch Photovoltaik und Windenergie gewonnene Strom fast immer zur falschen Zeit produziert wird, nämlich dann, wenn er nicht benötigt wird. Daneben gibt es Netz-Einspeiseprobleme, das heißt der teuerste Strom der Welt, der mit wertvollen Steuergeldern subventioniert wird, verpufft entweder sinnlos durch Widerstand im Netz oder kann überhaupt nicht eingespeist werden.

Die gesamten alternativen Energien machen nur dann Sinn, wenn der so gewonnene Strom sinnvoll – ohne viel Verlust - gespeichert werden könnte. Aber Stromspeicherungen in großen Mengen mittels Akkus sind noch viel zu teuer. Und bei der Ladung sowie bei der Umwandlung von Gleich- in Wechselstrom liegt der Wirkungsgrad bei etwa 90 Prozent. Vom im Akku gespeicherten Strom geht durch Selbstentladung täglich ein geringer Prozentsatz verloren.

Stromspeicherung mittels Wasserstoff

In den USA produziert man schon seit Jahrzehnten Wasserstoff mittels Solarstrom. Die so in Wasserstoff gespeicherte Energie kann bei Bedarf abgerufen werden: Mittels Wasserstoff werden Wasserstoff-Motoren betrieben, die wiederum

Stromgeneratoren antreiben. Ich frage mich schon seit sehr langer Zeit, warum man das bei uns nicht macht.

Strom speichern durch Pumpspeicher-Kraftwerke

Pumpspeicher-Kraftwerke haben zwar einen schlechten Wirkungsgrad, weil die aufgenommene Energie nur teilweise wiedergegeben werden kann. Im Klartext: Es wird immer mehr Strom zum Hochpumpen des Wassers benötigt, als man beim Hinunterfließen zurückgewinnen kann. Trotzdem sind es Energiespeicher, auf die wir derzeit noch nicht verzichten können. Denn es ist sinnvoller, mit überschüssigem Strom Wasser in die Speicherbecken hoch zu pumpen, als diesen Strom aus zum Beispiel Windkraftanlagen oder Photovoltaikanlagen überhaupt nicht ins Netz einzuspeisen oder dort sinnlos verpuffen zu lassen.

Die deutschen Pumpspeicher-Kraftwerke haben derzeit eine Pumpspeicherleistung von sieben Gigawatt. Ihr durchschnittlicher Wirkungsgrad liegt bei 70 Prozent. Leider sind viele Naturschützer und Umweltverbände noch immer gegen den Bau von Pumpspeicher-Kraftwerken.

Andasol – das weltgrößte solarthermische Kraftwerk in Spanien

Die zur Zeit effektivste Stromgewinnung erfolgt in den weltgrößten solarthermischen Kraftwerken Andasol 1 bis 3, zir-

ka zehn Kilometer südöstlich von Guadix in der spanischen Provinz Granada, von denen seit November 2011 auch der Block 3 am Netz ist. Die prognostizierte Gesamtleistung beträgt 180 GWh (180 Gigawattstunden; 1 Gigawatt = 1.000 Megawatt). Mit dem hier gewonnenen Solarstrom werden 500.000 Menschen versorgt. Die erwartete Lebensdauer von Andasol beträgt 40 Jahre.

Die Deutsche Luft- und Raumfahrt hat in Zusammenarbeit mit der Firma Schott in Mainz mit Andasol ein raffiniertes sonnengespeistes Kraftwerk entwickelt, das sogar bis zu 7,5 Stunden nach Sonnenuntergang noch Strom produziert.

Im Brennpunkt von verspiegelten Parabol-Rinnen befinden sich Glasröhren, die mit Öl gefüllt sind, das sich durch die Sonne auf 400 Grad Celsius erhitzt. Dieses Öl erzeugt durch einen Wärmeüberträger Dampf, der die Kraftwerksturbinen treibt. Damit auch nachts Energie geliefert werden kann, wird das Wärmeträger-Öl alternativ durch einen Salzspeicher geleitet (thermischer Speicher, Salzschmelze). Die Zusammensetzung besteht aus 60 Prozent Natriumnitrat und 40 Prozent Kaliumnitrat. Der thermische Speicher fasst 28.500 Tonnen Salz. Seine Kapazität reicht für bis zu 7,5 Stunden Volllastbetrieb nach Sonnenuntergang. Allerdings werden jährlich rund 870.000 Kubikmeter Wasser verbraucht (verdampft). Es kommt aus dem schneebedeckten Gebirge der Sierra Nevada. Beteiligt sind viele deutsche Firmen, darunter RWE und die Stadtwerke München.

Kernkraftwerke in Europa

In Europa gibt es derzeit 93 Kernkraftwerke mit 196 Reaktorblöcken, 13 weitere Reaktorblöcke sind im Bau. In unserem Nachbarland Frankreich stehen 60 Kernkraftwerke. Wenn es dort zu einem super GAU käme, wäre zumindest der Südwesten Deutschlands nicht mehr bewohnbar, weil die vorherrschenden Westwinde den atomaren Niederschlag größtenteils über Süddeutschland abladen würden. Unsere alternativen Energien sowie unsere Kohle- und Gaskraftwerke können uns also vor einem atomaren super GAU in unseren Nachbarländern nicht schützen.
Zusätzlich zu den in Deutschland bereits bestehenden Kohle- und Gaskraftwerken sind an Kohlekraftwerken neun weitere in Bau oder in Planung, an Gaskraftwerken sind 18 weitere geplant bzw. in Bau.

Übertriebene Biogas-Förderung schadet der Natur

Die Förderung von Biogasanlagen ist eine Erfindung der GRÜNEN. Renate Künast, die damalige Landwirtschaftsministerin, sagte seinerzeit: „Die Landwirte sind die Ölscheichs der Zukunft“. Aber mit der Förderung der Biogasanlagen haben die GRÜNEN den Maisanbau derart vorangetrieben, dass es zu schwerwiegenden Veränderungen der Landschaft und zu Eingriffen in das fein ausgewogene System zwischen Wasser, Erde, Luft, Pflanze und Tier kam. Zahlreiche Pflanzen und Tiere sind solchen Biotop-Zerstörungen zum Opfer gefallen.

Jetzt sind die GRÜNEN gegen den übertriebenen Maisanbau: „Gegen die Vermaisung der Landschaft". CDU und CSU waren anfangs gegen die Biogasförderung, jetzt sind *sie* paradoxerweise noch dafür. Wieder einmal ist man der GRÜNEN Idee gefolgt, ohne vorher über die Konsequenzen einer übertriebenen Förderung nachzudenken.
Quelle: RTL, STERN-TV, Januar 2013
Wie die Tagespresse am 3.1.2013 meldete, ist nun durch Gesetzesänderung ein Ende des Biogas-Booms in Sicht.

Wahnsinn Wärmedämmung

So heißt eine zweiteilige Dokumentation der ARD, die im Herbst 2012 und Ende 2012 in den ARD-Anstalten ausgestrahlt wurde. Sie zeigt den Wärmedämmungs-Wahnsinn, der unter dem Strich keinerlei Heizkosten-Einsparung bringt, dafür aber verschimmelte Hauswände, wenn nach fünf Jahren die mit Fungiziden behandelten Dämmplatten (Styropor, Polystrol) vom Regen ausgewaschen und die Fungizide ins Grundwasser und in unsere Gewässer gelangt sind und dort ihr Unheil anrichten.

Die Filme zeigen auch die „Brandfallen" dieser Wärmedämmplatten. Zum Beispiel durch zündelnde Jugendliche, die einen an der Hausfassade stehenden Mülleimer in Brand setzten, brannten in Essen drei Mehrfamilienhäuser ab. Dabei starben drei Bewohner. Der Brand entwickelte sich an den Fassaden so rasch, dass eine Rettung von außen durch die Feuerwehr nicht mehr möglich war.

Unter dem Strich bringt die Wärmedämmung für die Hauseigentümer und Mieter nichts. Im Gegenteil. Die Kosten für

die Wärmedämmung amortisieren sich nicht. Die Fassaden unter den Dämmplatten verschimmeln und verrotten. Sie müssen aus diesen Gründen nach wenigen Jahren entfernt werden. Der Schaden ist riesig.

Anmerkung: Es gibt keinen Sinn, Gebäude gegen Kälte zu dämmen, wenn es auf der Erde – wie seit Jahren behauptet wird – immer wärmer werden soll. Wo bleibt die Logik?

Abkühlung statt Erwärmung!

Prof. Mojib Latif, Kiel, spricht von globaler Abkühlung.

Im Sommer 2009 schrieb die Bildzeitung, dass der „Klimaforscher“ Prof. Mojib Latif, Leiter des Leibniz-Instituts für Meereswissenschaften der Universität Kiel, Spezialist für Computer-Klimamodelle und renommierter IPCC Autor, verkündet hat, dass er es im Zuge der Klimaerwärmung für möglich halte, dass es in Konstanz Temperaturen von 50 Grad Celsius geben könnte.

14 Tage später, auf der Weltklimakonferenz vom 31.08. bis 07.09.2009 in Genf mit 1500 Klimaforschern, Politikern und Leitern von Umweltorganisationen, verkündete Prof. Mojib Lativ erstmals öffentlich, was Meteorologen, Klimaforschern, aber auch fachkundigen Internet-Nutzern und mir schon längst bekannt war:

Die Erde kühlt sich seit knapp einem Jahrzehnt wieder deutlich ab. Aber Latif sagte noch mehr: Es würde auch in den nächsten Jahrzehnten kälter statt wärmer werden.

Ein großes solares Minimum kommt

Im bekannten Fachblatt „Journal of Cosmology“ (Juni 2010) (www.JournalofCosmology.com) **kommen die Autoren S. Duhau und C. de Jager zu der Schlussfolgerung, dass die Sonne derzeit in eine nachlassende Aktivität steuert, weil sie gegenwärtig am Beginn eines langen großen Minimums steht, einer Episode mit sehr geringer Sonnenaktivität und einer Dauer von mindestens einem Jahrhundert.**

Künstliche Verdrehung der Tatsachen

Im Januar 2010 haben viele „TV-Wetterfrösche“ die Nachricht verbreitet, dass das Jahr 2009 das „dreizehnwärmste Jahr in diesem Jahrtausend gewesen sei“. Was für ein Schwachsinn! Im Umkehrschluss heißt das doch, dass das Jahr 2009 das kälteste Jahr war in diesem Jahrtausend. Und dann ist das für Jedermann verständlich ausgedrückt und entspricht auch der weltweiten Aussage von Wissenschaftlern, dass es seit dem Jahr 2001 weltweit wieder kälter geworden ist.
Auffallend bei den täglichen Wettermeldungen ist, dass einige der TV-Meteorologen Plustemperatur-Meldungen dramatisieren und meist mit dem Klima in Verbindung bringen, dagegen Minustemperatur-Meldungen als völlig unbedeutend beschönigen. Das liegt daran, weil einige dieser Meteorologen von ihren Klima-Büchern und Klima-Vorträgen profitieren. Nach meinen Recherchen erhalten sie für einen Vortrag bis zu EUR 4.000.

Klimagate / Climategate – Datenschwindel

Zu den von Wissenschaftlern des IPCC (Intergovernmental Panel on Climate Change) manipulierten Klima-Daten, die Ende 2009 aufgeflogen sind, findet man unter der Such-Eingabe bei Google: www.climategate.com bereits 10.400.000 (Zehn Millionen Vierhunderttausend) Einträge (Stand 19. Januar 2010). Jeder Interessierte kann sich dort oder aber bei www.eike-klima-energie.eu selbst über den Datenschwindel informieren.

Svensmark-Effekt – Oder wie kosmische Strahlung Wetter und Klima beeinflusst

Der dänische Physiker Dr. Henrik Svensmark von der technischen Universität in Kopenhagen hat in jahrelanger Forschungsarbeit mit seinem wissenschaftlichen Team nachgewiesen, dass die interstellare kosmische Strahlung sowohl unser Wetter als auch das Klima beeinflusst. Die interstellare Strahlung stammt aus Supernovae-Explosionen, die sich entweder in unserer Galaxie (Milchstraße) oder in anderen fernen Galaxien ereignet haben.

Kosmische Strahlung strömt aus allen Richtungen aus dem Weltraum und liefert die ionisierten Kondensationskerne, die zur Bildung von Regentropfen aus Wasserdampf grundsätzlich erforderlich sind. Die hoch energetischen nuklearen Teilchen rasen mit fast Lichtgeschwindigkeit (300.000 km/Sek.) durch die Galaxie und treffen auch auf die Erde.

Wie viele dieser Teilchen die Erde erreichen, hängt von der jeweiligen Stärke des Magnetfeldes der Sonne ab, das – ebenso wie die Helligkeit der Sonne – schwankt. Da sich das Magnetfeld der Sonne in den vergangenen 100 Jahren mehr als verdoppelt hat, sind weniger kosmische Strahlung und auch weniger Kondensationskerne in die Erdatmosphäre eingetreten. Somit konnten sich weniger Wolken bilden, was zur Folge hatte, dass sich die Erde mehr erwärmte. Bisher hatte man alle Klimaschwankungen mit der CO_2-Theorie erklärt. Jetzt weiß man, dass die Sonne und die Sterne die Wolkenbildung auf der Erde steuern.

Klimaschwankungen aus vergangenen Zeiten können an vielen Stellen der Erde beobachtet werden (C14-Methode). Sie beweisen, dass die Sonne das Klima steuert. Vor rund 1000 Jahren war die Nordküste Grönlands völlig eisfrei, so dass die Wikinger ganz Grönland kartographieren konnten.

Obwohl vor 70 Millionen Jahren der CO_2-Gehalt auf der Erde zehnmal höher war als heute, war es damals wesentlich kälter. Die kosmische Strahlung wirkt sich mehr auf die tieferen Wolkenschichten aus. Die unteren Wolken haben maßgeblichen Anteil am Kühleffekt, weil sie viel Sonnenlicht ins All reflektieren. Sind weniger Wolken in den tieferen Schichten oder verringert sich die Dichte der unteren Wolkenschichten, erwärmt sich die Erdoberfläche stärker.

Sonnenflecken, also elektromagnetische Ausbrüche, erzeugen einen Protonenstrom, der ein Magnetfeld im Raum um die Sonne aufbaut. Dieses Magnetfeld lenkt die kosmische Strahlung ab, die aus extrem schnellen Protonen besteht und – wie schon erwähnt - aus der Galaxie oder auch von Supernovae-Explosionen stammt. Also: Durch die Ablenkung gelangt weniger kosmische Strahlung zur Erde, das heißt wenn es auf der Sonne viele elektromagnetische Ausbrüche (Sonnenflecken) gibt und somit weniger kosmische Strahlung auf die Erde gelangen kann, fehlen auf der Erde die Kondensationskerne zur Wolkenbildung und die Temperatur auf der Erdoberfläche steigt.

Svensmark erbrachte den Beweis, dass die galaktische kosmische Strahlung in der Lage ist, die Aerosol-Partikel oder Schwebeteilchen im untersten Teil der Atmosphäre zu modulieren und somit auch die untere Wolkenschicht. Beim Eintreten in die Erdatmosphäre erzeugt die kosmische Strahlung Ionen. Diese elektrisch geladenen Atome tragen zur Bildung der Aerosol-Partikel in der Erdatmosphäre bei. Eine Wolkenbildung ist bekanntlich *nur* möglich, wenn sich Wasserdampf an Aerosol-Partikeln anlagern kann, das heißt jedes Wolkentröpfchen benötigt grundsätzlich einen solchen ionisierten Kondensationskern.

Nicht nur die Schwankungen der Sonnenaktivität, sondern die gesamte Milchstraße hat Einwirkungen auf unser Klima. Die Milchstraße ist eine Spiralgalaxie mit vier großen Spiral-Armen. Unser Sonnensystem umkreist in einem Zeitraum von ungefähr 250 Millionen Jahren einmal das Zentrum der Milchstraße. Beim Durchqueren eines Spiral-Arms *sinkt* die Temperatur auf der Erde um 5 bis 10 Grad Celsius, weil die kosmische Strahlung beim Passieren eines Spiral-Arms zunimmt und sich dadurch mehr Wolken auf der Erde bilden.

Das fand Svensmark bestätigt. Er verglich die in einem Zeitraum von 22 Jahren gesammelten Daten von Wetter-Satelliten zur Wolkenbedeckung mit 26 Forbush-Effekten (eine Abschwächung der kosmischen Strahlung) im gleichen Zeitraum und konnte feststellen, dass während den fünf stärksten Sonnen-Ausbrüchen die weltweite Wolkendecke –

im Vergleich zum langjährigen Mittelwert – um durchschnittlich sieben Prozent schrumpfte.

Ich bin fest davon überzeugt, dass Henrik Svensmark mit seiner jahrelangen Forschungsarbeit richtig liegt. Mein gesunder Menschenverstand hat mich schon vor mehreren Jahren daran zweifeln lassen, dass das anthropogene CO_2 an einem Klimawandel schuld sein soll. Dafür gibt es bis heute - wie schon erwähnt - nach wie vor k e i n e n wissenschaftlichen Beweis.

Schon seit Jahren weise ich in unzähligen Schreiben und E-Mails an Politiker und Umweltverbände mit meinem vielseitigen Scriptum darauf hin, dass das anthropogene CO_2 nicht für eine Klimaerwärmung verantwortlich sein kann, sondern dass die Aktivität der Sonne seit eh und je das Klima bestimmt. Wenn man bedenkt, dass CO_2-Zertifikate längst an der Börse gehandelt werden und sich damit einige Leute bereits viele Millionen verdient haben, ist es endlich an der Zeit, dass die CO_2-Befürworter und die damit zusammen hängenden CO_2-Geschäftemacher von ihrer neuen „Weltreligion" abgebracht und vom Gegenteil überzeugt werden. Denn dieser CO_2-Wahnsinn, von dem viele Weltuntergangs-Prediger, Umweltverbände, Politiker, Versicherungen und einige Wissenschaftler – die von der Verbreitung dieser Apokalypse gut leben – „infiziert" sind, muss durch wissenschaftliche Aufklärung endlich aus der Welt geschafft werden, ehe der Weltwirtschaft - und damit den Bürgern - noch viele weitere Milliarden Euro oder Dollar sinnlos aus der Tasche geholt werden.

Es dauerte 16 Monate, bis Henrik Svensmark seine wissenschaftlichen Arbeiten veröffentlichen durfte. Wahrscheinlich liegt das daran, dass viele Wissenschaftler, besonders die

Klimaforscher, die den anthropogenen Treibhauseffekt unterstützen, weil sie daran gut verdienen, nicht akzeptieren wollten, dass Svensmarks Theorie nach den empirischen Beweisen nun auch experimentell bewiesen ist.

Dipl. Physiker Dr. Horst Borchert, Physikdirektor Uni Mainz, bestätigt den Svensmark-Effekt

In einer verkürzten Version zu seiner Arbeit „Sonnenaktivität und Klimawandel“ (2008) schrieb der Dipl. Physiker Dr. Horst Borchert, Physikdirektor, Lehrbeauftragter am Geographischen Institut der Johannes-Gutenberg-Universität Mainz:

„...Damit wäre die Existenz des Svensmark-Effektes bewiesen: Höhenstrahlung erzeugt Bewölkung, das heißt die Sonnenflecken steuern über Protonenfluss die Höhenstrahlung und damit die Bewölkung, damit dann die Sonneneinstrahlung und die bodennahe Temperatur...“

Zusammenfassend kommt Dr. Borchert zu dem Ergebnis:

„Der Temperaturanstieg seit Ende der 80er Jahre war die Folge einer außergewöhnlichen Aktivität der Sonnenoberfläche: Die Sonne emittierte ab 1989 besonders starke Protonenströme, die zu einer starken Reduzierung der Höhenstrahlung führten. Dadurch wurde global die Bewölkung periodisch bis um 10 Prozent reduziert, um die Boden- und See nahen Temperaturen um ca. 0,9 Grad Celsius zusätzlich zu erwärmen. Seit 13 Monaten (*Anmerkung: Stand 2008*) ist

diese Sonnenaktivität erloschen, was zur Stagnation des Temperaturanstiegs führte. Der CO_2-Anstieg ist eine Folge der Meeresentgasung. Die Klimaänderung seit den 80er Jahren war nicht anthropogen und hat mit CO_2 nichts zu tun."

Sonnenflecken

Seit mehreren Jahren hat die Sonne viel zu wenig Flecken (elektromagnetische Ausbrüche). Laut Wissenschaft sollte sie im Normalfall täglich zwischen 25 und 50 Sonnenflecken haben. Im Jahr 2012 waren es insgesamt nur 254 Flecken, was im Durchschnitt 0,7 pro Tag entspricht, 2013 gab es im Tagesdurchschnitt 1.3 Sonnenflecken. Die Aktivität der Sonne kann man täglich unter www.eike.eu (Europäisches Institut für Klima und Energie) durch NASA-Fotos sehen. Alle Sonnenflecken sind fortlaufend nummeriert.

Wer verdient am CO_2-Handel?

Unter **www.initiative.cc** findet man einen Bericht vom Dezember 2007 mit dem Titel: **„Wer verdient an der Klimakatastrophe?"**. Dort heißt es:

„Wie mit der Klimakatastrophe Geld aus dem NICHTS gemacht wird!

Wer verdient auf welche Weise an einer angeblichen Klimakatastrophe? Um den CO_2-Ablasshandel wirksam zu organisieren, mussten Instrumente geschaffen werden, wie der Chicago Climate Exchange. Immer mehr namhafte Unter-

nehmen sind darin vertreten, von ROLLS ROYCE über BAYER, FORD bis hin zu namhaften Universitäten. Ein Mr. Strong ist im Vorstand dieser privaten Chicago Climate Exchange. Viele der als Umwelt-Verschmutzer bekannten Unternehmen haben sich bereits auf den Kohlenstoffdioxid-Handel eingelassen, auch in den Vereinigten Staaten, wo die Kredite (Differenz zwischen zugestandener und erreichter niedrigerer Quote) an das Chicago Climate Exchange verkauft werden.

Einige Experten haben berechnet, dass zu einem Preis von 14 $ pro Tonne Kohlenstoff die im Rahmen des Kyoto-Protokoll ermöglichten Emissionsrechte einem Wert von 2.345 Milliarden Dollar (2,345 Billionen $) entsprechen, was als größte Geldbeschaffungs-Maschine durch internationale Verträge in der Geschichte der Menschheit bezeichnet werden kann. Und das ist erst der Anfang, man kann jederzeit mehr Kredite schaffen. All das muss vom Steuerzahler und Konsumenten aufgebracht werden, von niemandem sonst. Man muss sich an dieser Stelle klarmachen, es geht keinem der führenden Beteiligten (das manipulierte Fußvolk an der Basis natürlich ausgenommen) um wirkliche Reduzierung von CO_2.

Deutlich sichtbar ist es beispielsweise in Deutschland, wo man gerade plant, 26 neue Riesen-Kohlekraftwerke, Dreckschleudern par excellence, neu zu errichten. Es geht, nicht nur, aber hauptsächlich, um den Handel mit CO_2-Emissionsrechten, für alle Beteiligten eine Lizenz zum Gelddrucken auf Jahrzehnte, die alles Bisherige in den Schatten stellt… An dieser Stelle kommt Al Gore ins Spiel, der die Trommel wie kein anderer für die CO_2-Reduzierung schlägt. Gore-Kritiker untersuchten den Stromverbrauch im Hause Gore und kamen dahinter, dass der CO_2-Mahner 20-mal so viel Strom wie ein durchschnittlicher US-Bürger verbraucht. Alles kein Problem, sagte Gore im Kongress, denn er kaufe dafür CO_2-Ablässe. Gore kauft schlauerweise seine CO_2-Ablässe von sich selbst, von der ´Generation Investment Management LL´, einer unabhängigen, privaten, durch die Eigner gemanagten Gesellschaft, die 2004 in London und Washington, D.C. gegründet wurde, wie es im Prospekt heißt. Er (Gore) steht dieser Gesellschaft als Vorsitzender vor und ist Gründungsmitglied. Diese Gesellschaft ist ein Hedgefonds, der den Handel mit CO_2-Ablässen betreibt. Das ist der geniale Trick: Ich verbrauche so viel Energie wie ich will und kaufe von mir selbst Ablässe...

Wie funktioniert der Ablasshandel? An dieser Stelle muss man anhand eines Beispiels aus Australien einmal einen Blick darauf werfen, wie der moderne Ablasshandel mit CO_2 funktioniert:

Ein Farmer beschloss, eine große Anzahl von Bäumen zu ersetzen, die vor 100 Jahren gefällt worden waren. Er tat es, um der Erosion vorzubeugen, den Salzgehalt des Bodens zu reduzieren und um den Schafen Schatten zu spenden. Ein CO_2-Ablasshändler kam vorbei und erklärte ihm, dass seine Bäume aus Sicht der CO_2-Bilanz 40 Australische Dollars pro Hektar wert seien und gab ihm ein Zertifikat für seine positive CO_2-Bilanz. Der Händler kassierte 40 Prozent an Vermittlungsgebühren. Der Farmer verkauft dann das Zertifikat (wieder mit Provision) an ein Kohlekraftwerk weiter, das dann zwar kein CO_2-Molekül weniger ausstößt, aber dafür wird das Brutto-Sozialprodukt durch den Verkauf und Kauf des Ablassbriefes erhöht. Der dann natürlich erhöhte Strompreis wird an den Endverbraucher weitergegeben und der Kreislauf ist perfekt...

Nur Gewinner? Es gibt nur einen Verlierer, der aber ist das schwächste Glied in der Kette, nämlich der Endverbraucher...Nur die Steuerzahler und Verbraucher haben die Zeche eines des größten Wissenschaftsschwindels aller Zeiten zu bezahlen. Und die wird teurer, als sich das jetzt irgendjemand überhaupt vorstellen kann."

Quelle: **www.das-gibts-doch-nicht.info/seite4550.php**

Cui bono – Wem nützt das?

In der Internet- & Blogzeitung für die Zivilgesellschaft „DIE NEUE WELT" schrieb am 08.01.2013 Thomas M. Eppinger:

„Der Kopf des IPCC, Dr. Rajenda Pachauri, wird beschuldigt, ein Vermögen mit Unternehmen gemacht zu haben, die mit Klimazertifikaten handeln...

...Pachauri unterhält weltweit Geschäftsbeziehungen mit Körperschaften, die Milliarden von Dollar in Unternehmungen investiert haben, die direkt von den politischen Empfehlungen des IPCC abhängig sind. Diese Einrichtungen umfassen Banken, Ölfirmen, Energiekonzerne und Investmentfonds, die allesamt massiv an CO_2-Handel und erneuerbaren Energien beteiligt sind. Zusammen bilden diese beiden Bereiche den am schnellsten wachsenden Rohstoffmarkt, der vermutlich schon bald Billionen Dollar jährlich schwer sein wird..."

Rajenda Pachauri ist der Mann an der Spitze des UN-Weltklimarats und seit 2002 Vorsitzender des IPCC. Pachauri scheint keinen Schlaf zu brauchen, denn seitdem er an der Spitze des IPCC steht, ist die Anzahl seiner Posten

geradezu explodiert: Er hat weltweite zahlreiche Posten in Aufsichtsräten oder als Berater, u. a. ist er Mitglied des Klimawandelbeirats der Deutschen Bank. Gemäß seinen Wurzeln als Eisenbahningenieur ist er auch Berater der staatl. französischen Eisenbahngesellschaft SNCF...Hinzu kommen eine Reihe einflussreicher Positionen in Indien.

„Pachauri verwendet sein Amt dazu, im Namen der ganzen Welt vor den dramatischen Folgen des Klimawandels zu warnen, und steht gleichzeitig 20 Firmen und Institutionen vor, die von genau diesen Warnungen profitieren".

Die Deutsche Welle als Klima-Prophet

Die Deutsche Welle (Intendant Erik Bettermann) startete am 21.06.2010 einen internationalen Workshop „The Heat is on – Climate Change and the Media". In einer apokalyptischen Aufmachung wurde im Internet der Untergang der Erde infolge Klimaerwärmung angekündigt:

„Die globale Erderwärmung stellt die Welt vor gravierende Probleme. Der Klimawandel hat nicht nur Auswirkungen auf den geopolitischen Frieden, regionale Konflikte, das soziale Wohl und die Menschenrechte. Er wirkt sich auch auf die Basis unserer Existenz aus – auf die Bewohnbarkeit unseres Planeten. Hungersnöte, Flüchtlingswanderungen, Überschwemmungen, Ernteausfälle, extreme Unwetter, Dürreperioden und Pandemien schwächen das Fundament unseres kollektiven Zuhauses."

Ich frage mich, warum die Deutsche Welle die ganze Welt mit einem Panik-Szenario völlig sinnlos „missionieren" will?

„Das Verbreiten von Ängsten ist ein Verbrechen an der Demokratie", sagte Jacques Delors, Präsident der EU-Kommission a. D. am 26. Juni 2008. Diese Meinung vertrete auch ich. Deshalb muss diese Panikmache der brutalsten Art strafrechtlich verfolgt werden, um Schaden von der Bevölkerung abzuwenden. Denn ich bin der festen Überzeugung, dass diese von der Deutschen Welle inszenierte Apokalypse manche Menschen, besonders sensible Jugendliche, aus purer Angst, Verzweiflung und vermeintlicher Ausweglosigkeit in den Tod treiben könnte.

Weltklimarat auf dem Prüfstand

ZDF-Textservice Tafel 543 vom 05.12.2010:

„Seit Fehler im Klimabericht bekannt wurden, ist die Glaubwürdigkeit des Weltklimarats IPCC erschüttert. Ein Untersuchungsausschuss kam zu dem Schluss, dass der Weltklimarat abweichende Meinungen deutlicher zulassen und sich politisch stärker zurückhalten müsse. Experten hoffen nun, dass in der Klimawissenschaft Forschungs-Ergebnisse jenseits des Mainstreams deutlicher bekannt gemacht und diskutiert werden."

Die Mayas und der Klimawandel

ZDF-Textservice Tafel 542 vom 05.12.2010:

„Cancun liegt auf der Halbinsel Yucatan, einer Region, die vor über 1000 Jahren von den Mayas beherrscht wurde. Klimatische Veränderungen, Überbevölkerung und Misswirtschaft sorgten im 9. Jahrhundert für den Untergang

dieser Hochkultur. Lässt sich daraus etwas über die Folgen der aktuellen Klimaveränderung lernen?“

Klimapolitik bedeutet Einkommens-Umverteilung

Die neue Zürcher Zeitung veröffentlichte am 14.11.2010 ein Interview unter dem Titel „Klimapolitik verteilt das Weltvermögen neu“, in dem der Befragte (Ottmar Edenhofer PIK Potsdam) folgende bemerkenswerten Aussagen machte:

„Man muss sich von der Illusion freimachen, dass internationale Klimapolitik Umweltpolitik ist. Das hat mit Umweltpolitik, mit Problemen wie Waldsterben oder Ozonloch, fast nichts mehr zu tun.“
„Der Klimagipfel von Cancún Ende des Monats ist keine Klimakonferenz, sondern eine der größten Wirtschaftskonferenzen seit dem Zweiten Weltkrieg.“

„Wir verteilen durch die Klimapolitik de facto das Weltvermögen um.“

„Aber wir müssen sehen, dass erfolgreiche Klimapolitik eben eine andere globale Handels- und Finanzpolitik braucht.“

„Die Leute hier in Europa haben die groteske Vorstellung, Einkaufen im Bioladen oder Elektroautos lösten das Problem. Das ist arrogant, denn der ökologische Fußabdruck unseres Lebensstils hat sich in den letzten 30 Jahren vergrößert, trotz Öko-Bewegung.“

„Wenn das (die globale Verteilung von Emissionsrechten) pro Kopf der Bevölkerung geschieht, dann ist Afrika der große Gewinner, und es fließt viel Geld dorthin...Und es wird sich auch die Frage stellen, wie diese Länder mit so viel Geld überhaupt sinnvoll umgehen können."

Diese offenen Worte stammen von Ottmar Edenhofer, stellvertretender Direktor und Chefökonom am Potsdam-Institut für Klimafolgen-Forschung (PIK) und einer der drei Vorsitzenden der Arbeitsgruppe III (Mitigation of Climate Change) des IPCC. Es handelt sich also um eine Person aus dem klimapolitischen Generalstab, von der man annehmen kann, dass sie die Absichten der herrschenden Kreise wiedergibt.

Meldung der US-Navy vom Mai 2010

Das arktische Eis hat nach seinem Volumen von Mai 2008 bis Mai 2010 um 25 Prozent zugenommen.

Messungen des Eisvolumens mit Flugzeugen durch das weltweit anerkannte Alfred-Wegener-Institut in Bremerhaven im April 2009 ergaben überraschend Eisdicken von bis zu vier Metern.

Der russische Wissenschaftler Oleg Pokrowski (leitender Mitarbeiter am staatlichen geophysikalischen Wojejkow-Observatorium) schrieb dazu: Die globale Abkühlung wird die Arktis-Erschließung verhindern. Nach Oleg Pokrowskis Meinung wird in den nächsten Jahren eine Abkühlung das Erdklima prägen und somit die Pläne zur Erschließung arktischer Rohstoffe durchkreuzen. Das Erdklima kühle seit

1998 ab und werde auf den Stand des kalten Jahrzehnts von 1950 bis 1960 fallen. Pokrowski schätzt, dass der Tiefpunkt der Abkühlung im Jahr 2025 erreicht werde.

Ein Buch des Diplom-Meteorologen Dr. Wolfgang Thüne

„Propheten im Kampf um den Klimathron“
- Wie mit Urängsten um Geld und Macht gekämpft wird –

„Hieroglyphen gelten als heilige Schriftzeichen, als Bilderschrift, die nur Schriftgelehrte und Wahrsager entziffern konnten. Heute spielen die Klimaexperten die Wahrsager und verkaufen der Öffentlichkeit ihre von Computern ausgedruckten Hieroglyphen als der Weisheit letzter Schluss“.

Dr. Wolfgang Thüne (siehe weitere diesbezügliche Bücher dieses Autoren im Literaturverzeichnis!)

Weiter schreibt Dr. Wolfgang Thüne in diesem Buch:

„Das IPCC arbeitet mit stets gleichem Strickmuster bei der publizistischen Einstimmung vor großen Klimagipfeln. Man droht mit der Klimakatastrophe und betreibt ein massenpsychologisches Spiel mit der Angst... Diese Angst- und Drohkulisse gehört zum Vorspiel jeder der großen UN-Klimakonferenzen. Es ist die `hohe Zeit` der elitären Musterknaben. Wer sich nicht in Szene setzt, kommt nicht ins Bild. Wer keine Schlagzeilen produziert, wird nicht gedruckt und nicht wahrgenommen. Nur wer aktiv in diesem Theater-

stück mitspielt, darf auf die Bühne. Der Rest wird ausgeblendet. In dem großartigen Spiel `Wer rettet die Welt` möchten viele mitspielen, keiner abseits stehen. Das gilt insbesondere für die Ballkünstler, die Klimajongleure und Politiker…"

Videobotschaft des Diplom-Meteorologen Dr. Wolfgang Thüne an Bundeskanzlerin Dr. Angela Merkel

„Sehr geehrte Frau Dr. Merkel,

Sie werden mich wahrscheinlich nicht kennen. Ich habe Meteorologie studiert, war Meteorologe beim Deutschen Wetterdienst, ich habe von 1971 bis 1986 im ZDF den Wetterbericht moderiert, also vor der Wiedervereinigung, und insofern möchte ich mich an Sie persönlich wenden, da Sie ja nun den Klimaschutz zum Zentralthema Ihrer Politik gemacht haben und alles daransetzen, den Klimawandel zu stoppen, den Anstieg der Temperatur auf zwei Grad Celsius global zu beschränken und dergleichen mehr.

Sie wissen als Physikerin, promovierte Physikerin, als Kernphysikerin, dass es weder einen Treibhauseffekt gibt, es keine Erderwärmung geben kann, weil kein Körper sich mit der von ihm selbst abgestrahlten Energie, mit der ihm innewohnenden Energie, erwärmen kann. Und Sie wissen auch, dass eine Klimakatastrophe ein Unwort eigentlich ist und den Titel Unwort des Jahres oder des Jahrzehnts sogar verdient. Sie haben mit Sicherheit auch schon Infrarot-Aufnahmen, Wärmebild-Aufnahmen von Satelliten gesehen, welche die Erdoberfläche fotografiert haben und die ja nur deswegen gemacht werden können, weil die Wärmestrahlung der Erde nicht abgefangen wird in etwa sechs Kilometer Höhe, sondern ungehindert ins Weltall entweichen kann. Und deswegen wird es auch in jeder klaren Strahlungsnacht besonders kalt. Jetzt im Herbst drohen sogar bei klaren Nächten die ersten Nachtfröste.

Klima ist eine statistisch errechnete Größe: die mittlere Temperatur, die mittlere Windgeschwindigkeit, die mittlere Luftfeuchtigkeit, der mittlere Niederschlag. Das sind statistische Werte, die keine realen Werte sind. Real ist in der Atmosphäre einzig und allein das Wetter, das wir als Hochdruckgebiet, als Tiefdruckgebiet erfahren, aber wir erleben nie den Mittel zwischen Hoch und Tief. Das gab's mal als Baugesellschaft, die dann allerdings in Konkurs gegangen ist.

Der Mensch hat nicht die Größe, hat nicht die Macht, hat nicht die Kraft und hat vor allem nicht die Energie, um in die allgemeine Zirkulation eingreifen zu können. Er kann die tropische Zone, die subtropische Zone, die Westwindzone, die polaren Zonen nicht verändern. Er kann nicht sagen, wie die Höhenströmungen zu verlaufen haben, wie intensiv die Tiefdruckgebiete zu sein haben, welche Zugbahn sie zu nehmen haben und dergleichen mehr. Dies alles kann der Mensch nicht. Der Mensch ist darauf angewiesen, sich optimal, wo auch immer auf der Erde er sich befindet, dem Wetter anzupassen.

Klimaschutz ist insofern eine Bürde, die viel Geld kostet, die den Bürger verarmt, aber am Wetter nichts ändert und letztendlich aussichtslos ist.

Dies alles wissen Sie, und trotzdem verlangen Sie immense Anstrengungen des Volkes, um das Klima zu schützen, im vol-

len Bewusstsein, dass sich am Wetter als solches nie etwas ändern wird. Und die Angst vor der Klimakatastrophe ist natürlich eine Angst, die völlig unbegründet ist.

Jeden Tag kann das Wetter mit uns Katz und Maus spielen, kann ein Sturmtief kommen, kann ein Gewitter mit Hagel kommen und Ernten vernichten. Das kann jeden Tag passieren während des Sommerhalbjahres, nur eine Klimakatastrophe als solche ist theoretisch absolut unmöglich. Und insofern, bevor weitere Milliarden ausgegeben werden, um das CO_2 zu sequestrieren, im Erdboden zu versenken, wo es doch so dringend von den Pflanzen in der Atmosphäre benötigt wird; bevor dies also weitergetrieben wird, sollten Sie doch mal auch das Gespräch mit Meteorologen suchen und nicht mit Physikern, die sich zwar irgend einem Weltbild verschrieben haben, aber die sich völlig außerhalb des natürlichen Geschehens bewegen.“

Minus 71 Grad Celsius in Russland

Welt.de berichtet, dass in dem sibirischen Ort Oimjakon die winterlichen Temperaturen häufig unter minus 60 Grad Celsius liegen. Im Jahr 1933 hatte man dort den Kälterekord mit minus 68 Grad Celsius gemessen. Dieser Rekord wurde in den Tagen vom 18. bis 20. Februar 2013 gebrochen.
Es herrschten dort unvorstellbare, noch nie gemessene **minus 71 Grad Celsius**.

Erderwärmung – auch ohne „Treibhausgase“

Johann Peter Hebel schrieb im Jahr 1808:

„Der warme Winter von dem Jahr 1806 auf das Jahr 1807 hat viel Verwunderung erregt, und den armen Leuten wohlgetan; und der und jener, der jetzt noch fröhlich in den Knabenschuhen herumspringt, wird in sechzig Jahren einmal als alter Mann auf der Ofenbank sitzen, und seinen Enkeln erzählen, dass er auch einmal gewesen sei, wie sie, und dass man Anno 6, als der Franzose in Polen war, zwischen Weihnacht und Neujahr Erdbeeren gegessen und Veielein gebrochen habe. Solche Zeiten sind selten, aber nicht unerhört, und man zählt in den alten Chroniken seit 700 Jahren 28 dergleichen Jahrgänge.

Im Jahr 1289, wo man von uns noch nichts wusste, war es so warm, dass die Jungfrauen um Weihnacht und am Dreikönigstag Kränze von Veilchen, Kornblumen und anderen trugen.

Im Jahr 1420 war der Winter und das Frühjahr so gelind, dass im März die Bäume schon verblüheten. Im April hatte man schon zeitige Kirschen, und der Weinstock blühte. Im Mai gab es schon ziemliche Traubenbeerlein. Davon konnten wir im Frühjahr 1807 nichts rühmen.

Im Winter 1538 konnten sich auch die Mädchen und Knaben im Grünen küssen, wenn`s nur mit Ehren geschehen ist; denn die Wärme war so außerordentlich, dass um Weihnacht alle Blumen blühten.

Im ersten Monat des Jahrs 1572 schlugen die Bäume aus, und im Februar brüteten die Vögel.

Im Jahr 1585 stand am Ostertag das Korn in den Ähren.

Im Jahr 1617 und 1659 waren schon im Jänner die Lerchen und die Trosteln lustig.

Im Jahr 1722 hörte man im Jänner schon wieder auf, die Stuben einzuheizen..."

Seit 1998 ist es weltweit wieder kälter

Auch wenn man fast täglich von den Medien Panik-Meldungen hört, nach denen es auf der Erde wärmer werden soll, ist längst wissenschaftlich erwiesen und bekannt, dass die Temperaturen seit 1998 weltweit wieder zurückgehen.

Die Eisfläche der Arktis hat in den vergangenen zwölf Monaten um 50 Prozent zugenommen!

Fast täglich hört und sieht man Berichte, nach denen die Eisflächen der Arktis rapide abgenommen haben sollen. Dabei handelt es sich immer um Aufnahmen, die dort im Sommer - bei der völlig normalen Eisschmelze - entstanden sind.

Der ARD-Meteorologe Karsten Schwanke berichtete am 20. September 2013 in der ARD um 21:45 Uhr, dass das Eis der Arktis in den vergangenen 12 Monaten, also von September 2012 bis September 2013, um 50 Prozent zugenommen habe, nämlich von 3,4 Millionen Quadratkilometer auf 5,1 Millionen Quadratkilometer! Diese Meldung bekräftigte Schwanke mit zwei übereinander gelegten Satellitenaufnahmen der Arktiseisflächen von 2012 und 2013 bekräftigt.

Interessant ist, dass die Medien-Berichterstatter - selbst die der ARD - solche Meldungen ignorieren und weiterhin in Weltuntergangsszenarien vom schmelzenden Eis berichten, das heißt die Linke weiß nicht, was die Rechte tut.

Kälterekord in der Antarktis

Am 10.12.2013 meldete die ARD in den 20.00 Uhr-Nachrichten, dass im Jahr 2010 der weltweite Kälterekord in der Antarktis gemessen wurde mit minus 89 Grad Celsius (minus neunundachtzig Grad Celsius).

Am 19. März 2014 berichtete der ARD-Meteorologe Karsten Schwanke, dass man an diesem Tag am Südpol minus 60,2 Grad Kälte gemessen hat, obwohl der arktische, sonnenscheinlose Herbst erst am 21. März beginnt.

Literatur und Filme

Dr. Wolfgang Thüne, Diplom-Meteorologe, Physiker, Geophysiker, ehemaliger Mitarbeiter des Deutschen Wetterdienstes Offenbach und 15 Jahre lang nebenberuflicher Wettermoderater beim ZDF: „Propheten im Kampf um den Klimathron – Wie mit Urängsten um Geld und Macht gekämpft wird", 2011. Sehr empfehlenswert!

Dr. Wolfgang Thüne, Diplom-Meteorologe: „Freispruch - für CO_2!"
Wie ein Molekül die Phantasien von Experten gleichschaltet", 591 S., edition steinherz
Dr. Wolfgang Thüne, Diplom-Meteorologe: „Der Treibhaus-Schwindel"

Dr. Wolfgang Thüne, Prof. S. Fred Singer, Lord Christopher Monckton:
„Der Klimaschwindel – Wie die Öko-Mafia uns abzockt", **DVD**, Laufzeit 68 Min.

Dr. Wolfgang Thüne: „Klimafakten und Klimalügen"

Dr. Wolfgang Thüne: **YouTube,** Film: „Der CO2-Schwindel".
Dr. Wolfgang Thüne, Diplom-Meteorologe, ehem. Mitarbeiter des Deutschen Wetterdienstes und Wettermoderator des ZDF: **YouTube:** Videobotschaft an Bundeskanzlerin Dr. Angela Merkel zum Thema Klima.

Hartmut Bachmann: „Die Lüge der Klima-Katastrophe" – Manipulierte Angst als Mittel zur Macht… Frieling-Verlag, Berlin, 5., überarbeitete Auflage

Hartmut Bachmann: „Die Geburt der Klimalüge“ Auf der AZK 2010, Videoaufzeichnung auf **YouTube**

Film auf YouTube: „Der Klima-Schwindel – wie die Öko-Mafia uns abzockt“ **ccs new media.** Mit Lord Monckton, England und Prof. S. Fred Singer, Physiker u. Klimawissenschaftler, USA.

Prof. Fritz Vahrenholt, Sebastian Lüning: „Die kalte Sonne – Warum die Klimakatastrophe nicht stattfindet“

Gerd Ganteför: „Klima – Der Weltuntergang findet nicht statt“

Torsten Mann: „Rote Lügen in grünem Gewand: Der kommunistische Hintergrund der Öko-Bewegung“

Dirk Maxeiner: „Hurra, wir retten die Welt: Wie Politik und Medien mit der Klimaforschung umspringen“

Harry G. Olson: „Handbuch der Klimalügen – Eine Dokumentation nachhaltiger Lügen zur Rettung der Welt, verbreitet durch das Kartell der Klimaforscher und ihre einfache Widerlegung durch die Wirklichkeit“

Alexander Neubacher: „ÖKO-FIMMEL: Wie wir versuchen, die Welt zu retten und was wir damit anstellen“ – SPIEGEL-BUCH

Skeptiker-Handbuch (Skeptiks Handbook) von Joanne Nova, Australien:
„Die CO_2-These bröckelt“.

Laurence Hecht: „Der Betrug des Klimawandels: Gores Gasblasen verdunkeln wahre CO_2-Daten“ Laurence Hecht: „The Coming (or Present) Ice Age“

Nigel Calder: „Die launische Sonne widerlegt Klimatheorien“

Englischer TV-Film:
„Der große Schwindel um die globale Erwärmung“
Sie finden ihn im Internet unter **http://video.google.com**, Suchwort „The Great Global Warming Swindle“

WDR-Filme:
„Wahnsinn Wärmedämmung“ (2012)
„Wärmedämmung – Der Wahnsinn geht weiter“ (2012)

Georg Reichert: „Klima-Schutz, der große Bluff - Trittins Herrschaft nach Stalins Scheitern“

Christian Joswig: „Die Ozonlüge“

www.wahrheitssuche.org/treibhaus.html
„Der Treibhaus-Schwindel“

Ullrich Rothe: „Die teuerste Lüge aller Zeiten“.

Dipl.-Biologe Ernst-Georg Beck: „Die Klima-Lüge – Der größte wissenschaftliche Skandal der Neuzeit“

Dipl.-Ing Heinz Thieme: „Treibhauseffekt im Widerspruch zur Thermodynamik und zu Emissionseigenschaften von Gasen“

Björn Lomborg: „Was das Klima braucht“

Dipl.-Ing Heinz Thieme: „Die Erdatmosphäre – ein Wärmespeicher“

Pole News, 22. April 2008: „Kälterekord in der Antarktis“

22.04.2008, Handelsblatt: „Eisfläche vergrößert – Die Antarktis kühlt wieder ab“ (Bericht des Alfred-Wegener-Instituts, Bremerhaven)

Prof. Dr. Josef H. Reichholf: „Wetterextreme früher schlimmer“
Prof. Dr. Josef H. Reichholf: „Eine kurze Naturgeschichte des letzten Jahrtausends“, empfehlenswert!

EIKE Europäisches Institut für Klima und Energie, Jena: „Ideologie statt Wissenschaft: Die sieben Thesen des PIK (Potsdam Institut für Klimafolgenforschung)“
www.eike-klima-energie.eu (Europäisches Institut für Klima und Energie, Jena) zeigt täglich ein NASA-Foto der aktuellen Sonne

Karl Nall: „Die globale CO_2 Verblödung“

Global Warming Petition Project – **31.478 amerikanische Wissenschaftler protestieren gegen das Kyoto-Abkommen** vom Dezember 1997 – siehe **www.petitionproject.org**

NovoArgumente 103 (11-12 2009) – Das Debattenmagazin **www.novo-argumente.com**

„Klimakonferenz Kopenhagen: Der Weltuntergang fällt aus!“ **www.iavg.org**

Henrik Svensmark-Effekt: Film „Das Geheimnis der Wolken“ auf **www.youtube.com**

Mehr über Otto Hahn erfahren Sie in seinem Buch:

"Warten auf den großen Augenblick - Höhepunkte im Leben eines Tier- und Naturfilmers"

Hardcover, Fadenbindung, Format 28x21 cm,
318 Seiten, 330 Fotos

ISBN: 978-3-937446-59-2
Preis: 29,90 €

Erhältlich im Online Shop des Wittgenstein Verlags unter:

www.wittgenstein-verlag.de
info@wittgenstein-verlag.de

Buchempfehlung, Mai 2014

Der IGEL
Allein Wissen hilft schützen!

Überarbeitete und erweiterte Neuauflage des Buches: "Der Igel, liebenswertes Stacheltier"

von Otto Hahn

ISBN: 978-3-944354-21-7

Hardcover,
Preis: 19,80

www.wittgenstein-verlag.de

Man kann nur schützen, was man kennt!

Fünfjährige nächtliche Beobachtungen der Lebensgewohnheiten des beliebten Stacheltieres führten Otto Hahn zu ganz neuen Erkenntnissen über das Verhalten und die Lebensbedingungen des Igels.
Diese preisgekrönte Dokumentation entstand parallel zu Otto Hahns ZDF-Film „Wenn die Igel in der Abendstunde…“
Sie soll dazu beitragen, das Wissen über den Igel zu erweitern, um ihm das Überleben in einer igelfeindlichen Umwelt zu ermöglichen.

Verlagsadresse:

Wittgenstein Verlag
Schloßplatz 3
86685 Huisheim

Tel. 09092 / 911570
info@wittgenstein-verlag.de
www.wittgenstein-verlag.de

Verlag